大预警 丛书　　丛书主编　佘廉

政府食品安全监管绩效评价与改进对策

熊卫东　周广亮　杨承梁　著

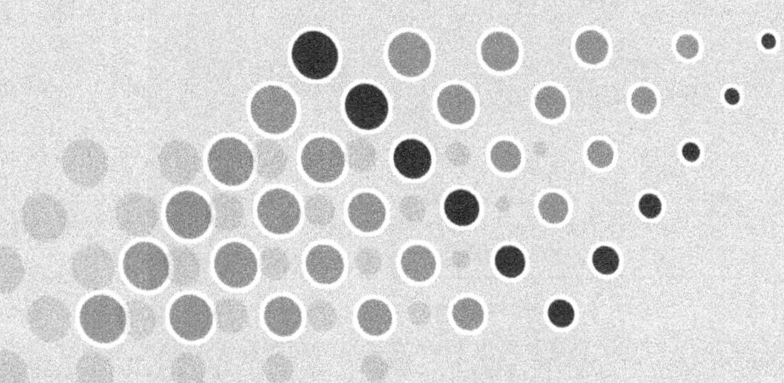

科学出版社
北京

内 容 简 介

本书以经济学、公共管理学理论为指导，借鉴国内外已有研究成果，在对我国食品安全监管体系进行阐述的基础上，对国内食品安全监管绩效影响因子进行了假设和验证，利用回归模型获得影响因子对监管绩效的贡献度。在借鉴政府评估理论的基础上，对政府食品安全监管绩效评价指标体系构建的原则、基本流程、逻辑框架进行了研究，构建了政府食品安全监管评价指标体系。结合国内食品安全监管的实际情况，提出了食品安全监管绩效改进的对策和建议。针对冷链食品安全监管，对相关技术支撑系统进行了研究。

本书适合从事食品生产、产品研发、食品安全监管的科研人员、行政管理人员阅读，也可作为食品科学与工程、食品安全管理及监管等相关领域的学者和学生的参考用书。

图书在版编目（CIP）数据

政府食品安全监管绩效评价与改进对策 / 熊卫东，周广亮，杨承梁著. —北京：科学出版社，2017.12

（大预警丛书）

ISBN 978-7-03-055911-1

Ⅰ. ①政… Ⅱ. ①熊… ②周… ③杨… Ⅲ. ①食品安全-监管制度-研究-中国 Ⅳ. ①IS201.6

中国版本图书馆 CIP 数据核字（2017）第 308352 号

责任编辑：王丹妮 / 责任校对：杜子昂
责任印制：吴兆东 / 封面设计：无极书装

科学出版社出版
北京东黄城根北街 16 号
邮政编码：100717
http：//www.sciencep.com

北京京华虎彩印刷有限公司印刷
科学出版社发行 各地新华书店经销

*

2017 年 12 月第 一 版 开本：720 × 1000 1/16
2017 年 12 月第一次印刷 印张：12 1/2
字数：236 000

定价：90.00 元

（如有印装质量问题，我社负责调换）

“大预警丛书”编委会名单

总　序

公共安全问题一直是我国政府和民众关注的热点话题。屡见不鲜的自然灾害、事故灾难、公共卫生事件、公共治安事件等一再地冲击着公众的心理承受能力，引发人们的沉痛思考。在我国全力构建灾害应急体系、提高应急救援能力的建设过程中，许多人逐渐认识到不仅要思考如何快速反应、全力减轻这些事件的伤害，还要思考如何从预防的角度来防止或减免突发事件对人类生活的侵扰。显然，对突发事件进行"预警"的理念已成为人们广泛接受的一个大众化概念。

应当说，近年来我国在防范突发事件的直接成因问题上开展了卓有成效的工作，建立了系统的应对框架与规范的应急预案，如自然灾害的减灾防灾工作、加强安全生产管理工作、传染疾病防治工作、群体性事件化解工作等。然而，近年来突发事件的爆发频率与损害程度依然居高不下的现实，使人们开始从更深层的角度思考人类活动同这些突发事件之间的互动关联：是什么社会风险因素引发了突发事件的产生？人们开始以更广阔的视野在社会活动领域中探寻与剖析。在这个背景下，有关公共安全体系的基本构架问题、安全生产中的企业风险管理问题、财政资金的筹措使用问题、党政领导干部行为控制问题、事故灾难多发领域（如交通与建筑领域）的风险传导问题等，开始成为政府界、理论界以及产业界的思考热点。人们在疑问和探讨：这些分布在微观、基层的人类风险活动是否构成了一个系统性的社会风险链？这个社会风险链是如何传导、介入或制造了各种突发事件？对这些社会微观风险行为进行预警与干预，能在多大程度上改变公共安全的状态与推动我们社会进步的进程？

这些思考已成为理论界深入研究的课题。从事公共安全与风险管理研究的探索者正从不同角度进行探究：分散于社会各个领域的各种貌似不足以产生重大事件的微观风险现象与失控行为，是如何进行聚合并最终传导、演化为严重的突发事件的？不同社会领域的人群与组织应该如何控制自己身处的风险来减少整个社会的风险积聚？能否建立新的预警体系，在更加广泛和基层的社会活动中来预防和干预突发事件？

"大预警丛书"就是这种研究思潮中的一个研究团队的系列研究成果。

华中科技大学公共安全预警研究中心是"大预警丛书"的酝酿与策划之地。该研究中心自 2006 年成立起，在公共安全预警与应急管理方面开展专业研究，组建了我国高校第一个公共安全预警与应急管理博士点和硕士点，集聚了十几位多学科与多领域的专家、高级访问学者、博士后研究人员，培养了几十位博士研究生与硕士研究生。中心先后主持和参与了包括国家自然科学基金、国家社会科学基金及国家软科学项目等在内的多项公共安全理论研究课题；主持国务院应急管理办公室、国家发展和改革委员会、科学技术部、国务院三峡工程建设委员会办公室、工业和信息化部等多项省部级应急管理政策研究项目，并完成中国与德国的国际合作项目，开发了面对突发事件的监测预警管理专用软件系统。该中心还同中国科学院研究生院、美国北卡罗来纳州立大学等应急管理专业研究机构联合，在国内连续主办了6届“应急管理国际研讨会”，并为交通运输部、民政部、广东省、湖北省等政府部门提供应急管理培训，为国家行政学院“司局级领导干部应急管理培训”提供课程与案例，为澳门特别行政区公务员进行危机管理培训。该中心的研究成果为“大预警丛书”提供了丰富的研究思想与多样化的素材积累。

作为华中科技大学公共安全预警研究中心的主任，我承担了发起和组织“大预警丛书”的责任。这次推出的第一批著作共有5本。作为这套丛书的主编，我回顾了自己在这个领域的研究历程。自1995年到2004年，先后主编了“走出逆境丛书”、“企业逆境管理丛书”、“企业预警管理丛书”和“灾害预警管理丛书”共4套25本书，它们总体上反映了我本人及研究团队的研究历程与主要成果，从微观层面的企业失误失败之预警管理拓展到宏观层面的行业灾害预警管理。这10年是我精力旺盛、充满热情、乐于疑难、质疑创新的阶段，4套丛书中有我执笔（包括第二作者）的书共10本；也是我集聚同志伙伴、组成研究团队、形成专业特色的过程。已出版的书目之中，有获“中国图书奖”的，有获国家部级科技进步奖的，还有其他让人回味的社会褒奖。这些社会认可使我深切体会到编辑专业丛书对集成学术研究、形成社会知识传播的时代价值与快乐过程。其后数年，公共安全与应急管理方面的书籍爆炸式的成长，各种专业理论与知识给这个社会的安定生活增加了丰富的文明色彩，我也在其中吸吮、分享、欣赏。7年之后，主编这套“大预警丛书”既是对这个依然热情的理论知识领域的参与，也是我及研究团队在这个领域潜行与积累的必然结果，还是我的同行伙伴展现风采、贡献社会的平台。

我的专业研究重点领域于2005年转移到公共管理领域，即公共安全与应急管理的理论研究与预警工具开发。完成了多个国家级与省部级有关公共安全与应急管理的研究课题，培养了一批公共管理学的博士、硕士及海外研究生，形成了一批研究成果；同时，我的合作伙伴已从单纯的学者型团队拓展为由公务员、行业管理者、学者构成的复合型团队，其研究思想与实践经验提炼更贴近于中国国情，他们的研究成果充满了新思想与新智慧。这套丛书将我们的研究成果进行了集中展示。丛书中每本书的创作，其早期理论基础都是公共安全预警与应急管理专业方向的博士研究课题，并经过各位作者的个人职业积累与持续性的专题研究而形成了各自独特的专业理论知识。同时，我们研究中心目前正在开展的研究项目，许多都是极具探索性的课题，这些理论研究成果为“大预警丛书”的后续内容提供了连续的储备。由此，我觉得主编这套“大预警丛书”，既是对我们研究团队7年来研究工作成果的梳理总结与集成反映，也是我们研究团队投入当前和谐社会建设的理论研究的最佳方式。而作为主编的主要责任是搭建一个理论交流与知识传播的平台，将有关公共安全、社会风险及其预警管理的思想与方法汇集于此，同社会各界同行交流、商讨，推动这种专业研究在争论中向更大的社会价值方向发展。我愿意同我们团队、同所有读者一起完成这个工作，一起分享这个过程。

需要说明的是，这套丛书的书目将以滚动方式出版，丛书的第一批书目共5本于今年出版，后续书目将适时推出。我和所有作者都有一个热忱的愿望：请将读完本书的疑问告诉我们，请给我们提供共同探讨的机会。若能对各位读者的工作产生积极的价值，我们将不胜荣幸。

佘　廉

2012年1月

于华中科技大学

前　　言

食品安全监管是政府公共安全管理中一项极为重要的内容，是企业生存发展的立身之本，是消费者身体健康的重要保障。改革开放以来，我国食品安全监管体制进行了多次大的调整和改革，相应的食品安全监管法律、制度与环境也在不断地完善和发展，但仍不能很好地适应经济全球化、技术现代化和生态环境恶化等新形势下的食品安全监管需求，导致国内现阶段的食品安全问题层出不穷，不仅危害了人们的身体和生命安全，还影响了经济发展与构建和谐社会的大局。国家投入了大量的行政监管资源，但对食品安全监管的效果并不理想。因此，运用科学的方法和完整的程序对政府食品安全监管绩效进行定量和定性相结合的测定和评价，对政府利用有限的行政监管资源进行高效的监管具有重要的意义。

本书包括十章内容：第一章，对国内外食品安全监管体制、法制和监管绩效的相关研究进行了综述，提出应用政府绩效评价理论来构建我国地方政府食品安全监管绩效评价指标体系的思路。第二章，主要阐述了政府食品安全监管绩效评价的相关理论基础，包括信息不对称理论、外部性理论、博弈理论、公共产品理论、整体政府理论和政府绩效评估理论。第三章，在基于食品供应链不同环节食品安全分析的基础上，对我国监管组织体系、监管制度、监管技术支撑、监管环境进行了分析，同时总结了国内食品安全监管体系存在的问题。第四章，在假设、调查、统计和数据分析的基础上，得出政府食品安全监管绩效的影响因子，利用回归模型得到公共因子对运行绩效的线性回归方程；基于食品安全监管绩效影响因素的研究，对政府食品安全监管绩效产生的机理进行了分析。第五章，对政府食品安全监管绩效评价指标体系进行构建，主要从学习与成长、监管内部管理、产业发展与市场、利益相关主体 4 个维度来综合建立，构建了食品安全监管绩效的多维评价结构，设计了多层级的评价指标体系。第六章，结合政府食品安全监管绩效评价的特点，采用数据包络分析方法，以 2011 年河南省 18 个省辖市为决策单元，在对食品安全监管绩效评价指标体系改进的基础上进行了实证分析。第七章，从食品安全监管体制、法律法规、监管制度、社会参与、监管技术支撑这 5 个方面提出了改进政府食品安全监管绩效的对策。第八章，以冷链食品为对象，研究了基于物联网的冷链食品安全监控系统应用平台，探讨了其系统结构及功能结构。第九章，在分析可追溯体系在肉制品冷链应用现状的基础上，探讨了在我国肉制品行业实施质量追溯系统的问题，初步设计了基于冷链的符合我国国情的肉制品可追溯系统，以提高肉制品安全监控水平。第十章，对本书内容作简要总结，并提出进一步努力的方向。

本书对国内政府食品安全监管绩效相关理论进行了较为深入的论述，尤其对监管绩效评价指标的假设、选取和权重赋值等进行了详细阐述；同时，结合河南省主要城市的食品安全监管数据进行了实证分析。本书具有较强的理论价值和实践意义，能为现实中的食品安全监管绩效评价问题提供一定的解决思路。

本书的作者为郑州轻工业学院的熊卫东、周广亮、杨承梁三位老师，我们长期从事公共管理领域的研究，在食品安全领域积累了一定的研究成果。本书由食品生产与安全河南省协同创新中心和河南省高等学校哲学社会科学基础研究重大项目“政府食品安全监管绩效评价研究——以河南省为例”（项目序号：2017-JCZD-009）资助出版。本书在创作过程中得到了华中科技大学、郑州轻工业学院及相关单位和人员的大力支持，得以顺利出版。同时，本书还引用了大量珍贵文献和学术观点，在此一并致以深深的谢意。

本书创作期间，政府食品安全监管相关法制、体制做了较大的调整，书中相关内容也进行了相应修正，但限于作者的学识、水平和经验，书中不足之处在所难免，欢迎广大读者批评指正。

作　者

2017年11月

目　　录

第一章 绪　论

第一节 引　言

随着经济和社会的不断发展，食品安全问题越来越受到人们的关注，但是，近年来频繁发生的食品安全事故使得我国的食品安全形势异常严峻。食品安全涉及整个食物链，食品从种植、养殖、生产加工、市场流通到消费，其中任何一个环节出现差错都有可能引起食品安全问题。食品安全问题极易演变成为重大公共安全事件，而重大公共安全事件的发展途径和演变规律不明确，致使常规防治手段极易失效，造成难以预计的灾害。通常会对一个区域的生命财产造成严重损害，对社会稳定造成严重冲击[1]。

当前，食品安全问题存在于食物链的每个环节。在农畜产品的种植养殖环节，农药、化肥的污染以及添加剂和防腐剂的滥用造成了食品的源头污染；在食品生产环节，企业存在着管理不完善、生产混乱、添加剂滥用、卫生质量差、环境标准不达标等问题对食品造成污染；在运输和储藏环节，商家为了缩减成本，使用常温车运送冷货，或者冷藏车不制冷，或者租用廉价冷库储存食品，导致食品质量严重受损，食品安全无法得到保证；在食品销售环节，大部分企业没有专用的食品和非食品销售平台；同时，平台中间没有温度隔离，一方面外界温度干扰着冷藏温度，另一方面冷藏温度也向外散发，使得食品质量难以保证。

根据联合国粮食及农业组织（Food Agriculture Organization，FAO）（以下简称联合国粮农组织）和世界卫生组织（World Health Organization，WHO）联合制定的《保障食品的安全和质量：强化国家食品控制体系指南》的定义，食品安全监管又称为食品控制，是指“为了保护消费者，并确保食品在生产、处理、储藏、加工和销售过程中均能保持安全，卫生及适于人类消费，确保其符合食品安全和质量要求，确保货真无假并按法律规定确定标识，由国家或地方主管部门实施的强制性法律行动”，其关注的焦点包括微生物危害、农药残留物、滥用食品添加剂、化学污染物及掺假等。

食品安全监管是政府公共安全管理的一项极为重要的内容，是食品生产、流通和企业发展的立身之本，是关乎消费者身体健康的重要保障。各国的食品安全管理经验表明，一个卓有成效的食品安全监管体制，虽然不是培育良好食品安全格局的充分条件，却是遏制食品安全事故频发的必要条件。

在2015年10月1日之前，我国的食品安全监管实施的是分段监管和综合协调相结合的体制。2009年2月28日，中华人民共和国全国人民代表大会（以下简称全国人大）表决通过了《中华人民共和国食品安全法》（以下简称《食品安全法》），并于当年6月1日正式实施；2010年2月6日，国务院发文宣布成立国务院食品安全委员会。《食品安全法》第四条到第十条对我国食品安全的监管主体及权限做了划分，确定了由国务院卫生行政部门承担食品安全综合协调的职责，质量监督、工商行政管理和国家食品药品监督管理部门分别对食品生产、食品流通、餐饮服务活动实施监督管理，地方各级政府承担组织协调工作。在行政监管系统之外，还要求食品行业协会加强行业自律，要求新闻媒体开展食品安全法律、法规及食品安全标准和知识的公益宣传，加强舆论监督，并鼓励社会团体、基层群众性自治组织开展食品安全法律和知识的普及工作，赋予任何组织和个人举报权。

2015年10月1日，新修订的《食品安全法》开始实施，食品安全监管由过去的分段监管改为食品药品监管部门统一监管。健全了从中央到地方直至基层食品药品安全监管体制，进一步明确食品药品监督管理部门与相关部门的职责分工，增强了食品安全监管的科学性和有效性。农业部门负责食用农产品从种植养殖环节到进入批发、零售市场或生产加工企业前的质量安全，以及畜禽屠宰和生鲜乳收购环节的质量安全监管。食品药品监管部门负责食品生产经营环节及食用农产品进入批发、零售市场或生产加工环节后的质量安全监管。卫生和计划生育部门负责食品安全风险评估，并会同食品药品监管部门制定和公布食品安全标准，制订和实施食品安全风险监测计划。检验检疫部门负责进出口食品安全质量监督检验和监督管理。质量监督部门负责食品相关产品生产加工的监督管理。工商行政管理部门按照《中华人民共和国广告法》的要求负责广告活动的监督检查，对违法广告做出处理。食品药品监管部门负责保健食品广告审查，对违法广告进行通报并提出处理建议。公安部门负责刑事司法工作。因此，监管主体进一步集中，形成以农业、食品药品为监管主体，国家卫生和计划生育委员会（以下简称国家卫计委）为科技支撑，国务院食品安全委员会为综合协调两段式监管新格局，大大减少了链条中的空白点、盲点，降低了成本。

食品安全监管作为政府履行的一种公共管理职能，如何保证监管的质量和效率成为政府食品安全监管工作面对的难题。监管绩效评估作为食品安全监管实践中的一种重要管理手段和技术，为评估和改善食品安全监管绩效、正确认识监管工作面临的形势和任务、推动各级政府部门提高监管工作效能起着巨大的推动作用。因此，在现行的食品安全监管体制下，探讨食品安全监管绩效评价问题是一个重要的现实课题。

开展本课题的研究，不仅具有理论价值，而且也有益于政府改善食品安全监管体制、提高服务水平。从理论价值来看，系统地研究食品安全监管绩效评价问题还是一个新的课题。目前对我国食品安全监管的研究主要停留在宏观政策层面上，从完善立法、建立先进的标准体系、协调管制机构及职能、建立认证制度、教育消费者等领域提出了管制政策与建议，而对食品安全监管绩效评价问题的系统研究还很少。对于食品安全监管绩效基础理论研究、评价指标逻辑框架与指标体系的建立、完善我国食品安全监管相关的公共管理理论均有重要的意义。从现实意义来看，《国务院关于加强食品安全工作的决定》（国发〔2012〕20 号）规定，上级政府要对下级政府进行年度食品安全绩效考核，并将考核结果作为地方领导班子和领导干部综合考核评价的重要内容。绩效评价指标体系的确立是绩效评估体系的核心问题，指标体系决定着评价结果的信度和效度。在政府绩效评估中，指标是评估目标的具体化，因此，指标体系是政府绩效评估的核心。没有一套设计科学的指标体系，就无法进行政府绩效评估。指标体系的合理化、科学化程度在很大程度上影响着政府绩效评估的水平和质量。本书构建了食品安全监管绩效评价指标体系及模型，对于地方政府实施食品安全绩效考核具有重要的现实意义，可为食品安全的政府监管、市场监管提供重要的政策参考。

第二节 基 本 概 念

一、食品安全

食品安全的概念是随着时代的发展而不断变化的，对于其内涵的认识经历了粮食数量安全、食品卫生营养、食品质量安全几个阶段。1974 年，联合国粮农组织在《世界粮食安全国际约定》中最早提出了“食品安全”的概念，当时表明“食物安全的最终目标是确保所有人在任何时候能买得到又能买得起所需要的任何食品”。1984 年世界卫生组织在题为“食品安全在卫生和发展中的作用”的文件中，将“食品安全”与“食品卫生”作为同义语，定义为“生产、加工、储存、分配和制作食品过程中确保食品安全可靠，有益于健康并且适合人消费的种种必要条件和措施”。1996 年 11 月，第二次世界粮食首脑会议上对食物安全的表述是：“只有当所有人在任何时候都能够在物质上和经济上获得足够、安全和富有营养的粮食来满足其积极和健康生活的膳食需要及食物喜好时，才实现了粮食安全。”1996 年世界卫生组织在其《加强国家级食品安全计划指南》中把“食品安全”与“食品卫生”作为两个不同的用语加以区别[2]；其中，“食品卫生”所指的范围似乎比“食品安全”稍窄一些。“食品卫生”是指“为了确保食品安全性和食用性在食物链的所有阶段必须采取的一切条件和措施”；而“食品安全”被定义为“对食品按其原定用途进行制作和(或)食用时不会使消费者健康受到损害的一种担保”。2003 年，联合国粮农组织和世界卫生组织将食品安全定义为：“食品安全是指所有的那些危害，无论这种危害是慢性的还是急性的，都会使食物有害于消费者的健康。”2005 年，ISO 22000：2005《食品安全管理体系——对食品链中各类组织的要求》中规定食品安全为：食品在按照预期用途进行制备和（或）食用时，不会对消费者造成伤害的概念。

我国新修订的《食品安全法》第一百五十条明确指出，食品安全是指食品无毒、无害，符合应当有的营养要求，对人体健康不造成任何急性、亚急性或者慢性危害。对于食品安全的内涵，相关学者从不同的角度进行了研究。张文学和杨立刚在对食品与环境之间关系过程进行分析的基础上，提出了“食品安全的环境责任”概念[3]。吴泳将食品安全提升到生态安全的层面上，并用生态文明的理论对食品安全做了探讨[4]。周应恒和霍丽玥从经济学角度对现代食品安全问题进行了多层面分析，认为食品安全问题是现代生产和消费方式的产物[5]。李哲敏认为食品安全的内涵包含 3 个层次：一是食品数量安全，满足对食品供给数量的基本需求；二是食品质量安全，避免食品对人体造成危害；三是可持续发展，确保食品质和量持续及稳定[6]。多名学者探讨了食品安全的相对安全性和绝对安全性之分[7-9]，绝对安全性是指确保不可能因食用某种产品而危及健康或造成伤害的一种承诺，即绝对没有风险。相对安全性是指一种食品在合理的食用方式和正常食量的情况下不会导致对健康损害的实际确定性，食品安全一般意义上是指其相对安全性。

由上述国内外在不同时期对于食品安全的定义可以得出：食品安全是个综合概念，包括食品卫生、食品质量、食品营养等相关方面的内容和食品供应链各环节的安全问题；食品安全是个社会概念，一方面，在不同国家及不同时期，食品安全所面临的突出问题和治理要求有所不同，另一方面，食品安全是食用时不会使消费者健康受到损害的一种担保；食品安全可看作是一种“社会约定”，这种“约定”涵盖了食品生产、流通、消费的全过程[10]；食品安全是个政治概念，食品安全是企业和政府对社会最基本的责任和必须做出的承诺。食品安全与生存权紧密相连，具有唯一性和强制性，通常属于政府保障或者政府强制的范畴。食品质量则更具有层次性和选择性，通常属于商业选择或者政府倡导的范畴[11]；食品安全是个法律概念，世界各国一系列有关食品安全法律法规的出台，反映了食品安全法律规制的重大意义[12]。

二、冷链食品安全

食品冷链是指易腐食品从产地收购或捕捞之后，在产品加工、储藏、运输、分销和零售，直到消费者手中的各个环节中始终处于产品所必需的低温环境下，以保证食品质量安全，减少损耗，防止污染的特殊供应链系统，这里的低温环境包括冷冻（–25～0℃）和冷藏（0～10℃）。食品冷链的流程如图 1-1 所示。

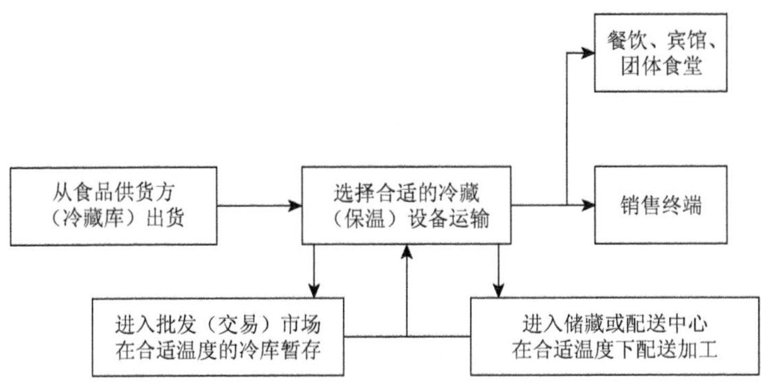

图 1-1 食品冷链流程图

冷链食品按原料的性质和形态分为如下类别：肉禽类，鲜冰蛋类，水产类，蔬果类，速冻食品类（米面、调制），液体奶类，冷饮类（冰激凌），豆制品类，糕点类。按照其是否为再加工产品分为：初级农产品（蔬菜、水果；肉、禽、蛋；水产品；花卉产品），加工食品（速冻食品；禽、肉、水产等包装熟食；冰淇淋和奶制品；快餐原料）及特殊商品（药品）。

为保证冷链食品的品质，从其生产到消费的过程中，要求必须处于所需的低温状态下。保证冷链食品的质量，维持商品的使用价值，是冷链体系的基本目标，冷链食品的安全性是食品质量的一个最重要内容。研究认为，冷链食品安全就是在冷链这个特殊的供应链系统下，为保证冷链食品本身的无毒、无污染、无变质、无人体伤害和减少营养损耗，各个环节所应该具备的安全性保障和服务。

相对于一般所说的食品安全，冷链食品安全是在冷链这个特殊的供应链系统下食品的安全性，有以下不同：一是冷链食品的范围更小，安全性要求具有更多的共性；二是冷链食品安全是从供应链的角度来考虑食品的安全性，对安全性的考虑更全面、更系统；三是冷链所需的温度、时间及产品耐藏性与食品的安全性密切相关，也是影响冷链食品安全性的最重要因素。

三、食品安全监管

基于食品安全和政府监管理论，学者普遍认为食品安全是政府社会管理的重要职能，属于政府监管的范畴。对于其定义，使用较多的为世界卫生组织和联合国粮农组织，其对食品安全监管的定义为：“由国家或地方政府机构实施的强制性管理活动，旨在为消费者提供保护，确保从生产、处理、储存、加工直到销售的过程中食品安全及完整并适于人类食用，同时按照法律规定诚实而准确地贴上标签。”国内学者对于食品安全监管的其他定义也大同小异，战旗认为食品安全监管的含义为：国家、地方政府机构或非政府组织和个人依据相关法律法规通过各种方式对企业及食品的市场准入、食品生产、流通及餐饮服务环节等的监督管理活动，以保障消费者的合法权益，保障食品市场的稳定运行[13]。李佳芮把政府食品安全监管定义为：政府为了保证食品的安全性要求，以治理市场失灵为己任，以法律为依据，以大量颁布法律、法规、规章、命令及裁决为手段，对相关的各种微观经济主体所进行的一系列监督、管理活动[14]。郑文杰认为食品安全监管为：行政主体为确保食品安全，以法律为依据，采取特定的行政行为或准立法、准司法行为，对微观经济主体在食品种植、养殖、生产、加工、销售、消费等一系列环节的经济行为进行的控制或干预[15]。袁湘如认为食品安全政府监管是指：政府有关部门根据国家的食品安全法律法规和食品安全技术标准，对各环节的食品进行检验和监督，有效控制食品安全，以保护消费者、生产者和社会公共利益[16]。刘录民认为食品安全监管为：有关监管主体为保障食品安全，而对食品生产企业及相关的消费者、其他团体和个人实施的干预行为[17]。

基于各学者对食品安全监管的界定，可以看出食品安全监管的目的是保障居民生活（食品）的安全；食品安全监管的主体为政府行政机关，在我国为农业、卫生、工商、质监、食品药品监督管理等部门；食品安全监管的客体为在食品（食物）种植、养殖、加工、包装、储藏、运输、销售、消费等各环节涉及的各种微观经济主体，也就是个人和企业，消费者和生产者；食品安全监管的手段有监管法律、监管制度和监管技术。食品安全监管不同于其他的政府监管，除了具有强制性、权威性、普遍约束性的特点，还具有复杂性、长期性、科技性[18]。其复杂性在于食品安全监管涉及的监管环节多，利益相关方多，监管参与者协调配合要求高；其长期性在于食品安全监管是一个长期的实践过程，既要考虑当前食品安全的要求，又要充分考虑采用新技术、新资源、新材料对食品安全带来的影响，并预测未来食品安全的进一步要求；其科技性是发达国家进行食品安全管理所遵循的基本原则，要在食品安全监管的各个层面把科学和风险分析结合起来，从而有效地进行风险管理、信息和技术传递及消费者教育。

四、相关概念辨析

与食品安全监管相近的概念还有食品安全控制、食品安全管理、食品安全规制、食品安全治理。食品安全控制是指食品生产者、经营者、政府、消费者、中介组织、科技机构等食品安全的相关参与主体为保障食品在生产、加工、储藏、运输及销售过程中安全、宜于人类消费而实施的各种行为与活动[19]。食品安全管理宏观上是指为了保证食品的质量及安全而采取的计划、组织、领导、控制等活动。它不仅包含政府相关部门对食品生产、加工、流通等环节的监督和管理，而且包含生产、加工企业对自身的生产经营活动进行的食品安全管理。食品安全规制是指政府或非政府的食品安全规制部门利用各种法律法规，对从事食品生产、销售和配送的企业所进行的一切监督管理行为[20]，其主体是各级行政、司法、立法及派出机构，客体主要是企业、个人及政府机构自身。食品安全治理是指为保障食品及食品相关产品在食用或履行特定用途时不存在对人体健康造成现实的或潜在的危害，在食品安全领域引入治理理论的观点，形成政府主体、市场主体、社会组织主体多元参与的合作化治理局面，以实现食品安全的目标[21]。

比较这些概念可以得出，食品安全控制概念涉及的主体最多，内涵最丰富。食品安全管理涉及的主体主要是政府及企业，其内涵包括了食品安全监管和食品安全规制活动。食品安全治理的过程侧重于食品供给者、社会中间组织和政府之间的良性互动，其目标的实现是三者之间互动、协调的结果，而不是政府单方面贯彻指令的结果。

第三节 国内食品安全监管体制、法制和监管绩效

一、食品安全监管体制

在政府层面，我国的食品安全监管体制进行了 3 次大的调整或改革：①1983～1995 年，卫生防疫站为法定执法主体，履行食品卫生监督职责。1982 年 11 月 19 日全国人民代表大会常务委员会（以下简称全国人大常委会）通过《中华人民共和国食品卫生法（试行）》，将食品卫生监督职责授予各级卫生防疫站，这期间各级卫生防疫站依法监督，实施食品安全监管。②1995～2004 年，卫生行政部门为法定执法主体，全面行使食品卫生监督职权。1995 年 10 月 30 日全国人大常委会审议通过了经过修订的《中华人民共和国食品卫生法》（以下简称《食品卫生法》）。从该法颁布之日起，各级卫生行政部门是食品卫生监督的执法主体，全面履行食品卫生监督职责。③2004 年至今。2004 年，《国务院关于进一步加强食品安全工作的决定》，对我国食品安全监管体制再次做出了重大调整，实行“分段管理”体制，由 4 个部门负责食品链各环节的食品安全监管，即农业部门负责初级农产品生产环节的监管；质监部门负责食品生产加工环节的监管，将现由卫生部门承担的食品生产加工环节的卫生监管职责划归质监部门；工商部门负责食品流通环节的监管；卫生部门负责餐饮业和食堂等消费环节的监管。为了解决多部门监管之间的协调问题，该决定同时规定，食品药品监管部门负责对食品安全的综合监督、组织协调和依法组织查处重大事故。为了加强产品质量和食品安全工作，国务院于 2007 年 8 月决定成立国务院产品质量和食品安全领导小组，统筹协调产品质量和食品安全重大问题，统一部署有关重大行动，督促检查产品质量和食品安全有

关政策的贯彻落实和工作进展情况。

2009 年，《食品安全法》颁布后，食品安全监管体制上虽是“统一协调与分段监管相结合”，但本质上仍旧是分段监管的方式。食品安全监管体制做了调整，管理机构在原来的基础上设立国务院食品安全委员会，加强对各个监管部门监管工作的协调和指导。国务院卫生行政部门承担食品安全综合协调职责，负责食品安全风险评估、食品安全标准制定、食品安全信息公布、食品检验机构的资质认定条件和检验规范的制定，组织查处食品安全重大事故。国务院质量监督、工商行政管理和国家食品药品监督管理部门依照该法和国务院规定的职责，分别对食品生产、食品流通、餐饮服务活动实施监督管理。在地方层面上，规定县级以上地方人民政府统一负责、领导、组织、协调本行政区域的食品安全监督管理工作，有关部门在各自职责范围内负责本行政区域的食品安全监督管理工作。

2015 年 10 月 1 日，新修订的《食品安全法》开始实施，食品安全监管由过去分段监管改为食品药品监督管理部门统一监管，健全了从中央到地方直至基层食品药品安全监管体制，进一步明确食品药品监督管理部门与相关部门职责分工，增强了食品安全监管的科学性和有效性。监管主体进一步集中，形成以农业、食品药品为监管主体，国家卫计委为科技支撑，国务院食品安全委员会为综合协调的两段式监管新格局。大大减少了链条中的空白点、盲点，降低了成本。

在学术层面，关于食品安全监管体制的研究较多，综合近年来各学者的观点，主要有以下三个方面。

（1）我国食品安全监管机构间协调性差，职能缺失或重叠，需要成立权威协调机构。协调机构的成立，或在中央层面，或在各级政府；或重新建立，或重组合并；或一步到位，或渐进改革。张天等认为我国应该建立一种权威协调和职能集中相结合的监管模式，将食品安全的监管职能和行业管理职能分开，并将分散的监管职能集中在两个主要部门；在各级政府成立一个权威的协调机构，赋予权威的协调手段；统一中央与地方的监管模式，构建上下统一的监管体制，理顺中央与地方的关系[22]。王洛忠等认为我国现有食品安全监管体制的弊端是：在中央层面缺少权威的监管协调机构；执行中监管职能缺位或重叠，监管责任难以落实[23]。杨洵和师萍认为基于博弈分析和事实验证，食品安全监管体制的改革应尽快成立高度集权的单一监管机构，变我国现行的预算分配模式为单一主体参与模式[24]。肖艳辉和刘亮认为《食品安全法》并没有改变我国食品安全分段监管的模式，应完善安全监管行政组织法体系、推行渐进式统一模式，将各个环节的监管职权逐步整合于食品药品监督管理局，加大国务院食品安全委员会的职权，增强其协调权威性，并不断加强监管机构的监管责任，建立权责一致的行政和司法责任追究制度[25]。郑风田和胡文静指出：为满足食品安全监管的需要，顺应国际食品安全监管体制的发展趋势，我国的监管体制需要走合并重组之路，最终由一个部门负责食品安全的统一监管[26]。

（2）很多学者都认为我国监管体制的改革势在必行，这些研究集中在体制改革的理论依据、方向任务、建议对策等方面。汪普庆和周德翼基于产权经济学相关理论的分析认为，监管体制的改革势在必行，并提出一体化监营模式是我国食品安全监管体制改革的发展方向[27]。李鹏等认为食品安全监管体制的评判与改革，必须建立在对现有机构间关系充分理解的基础之上，他通过对食品安全政策网络的类型演变、权力分配、合作层次进行理论解释和分析，提出了对食品安全监管体制渐进改革的建议[28]。颜海娜认为以“大部制”改革为契机的食品安全监管体制改革，在组织结构和伙伴关系 2 个维度上也确实体现出了一定程度的“整体政府”取向。但是，现有改革是不充分的，在组织结构、新的责任和激励机制、伙伴关系、组织文化 4 个维度上都还有很多缺失的环节。对这些缺失环节的界定及改革，是下一步改革的方向和任务[29]。

（3）较多学者认为我国监管体制，应将行业协会、消费者等利益相关者作为监督主体纳入监管体制的范畴，特别是应该构建社会监管渠道，加强社会参与程度。陈季修和刘智勇运用多元共治理论，对完善“政府主导、行业自律、社会参与、协同共治”的食品安全市场监管模式进行研究，并提出了食品安全监管体制增效的路径选择[30]。陈刚和张浒认为作为食品安全监管的主体，地方政府负总责，各部门监管各负其责的食品安全体制仍旧无法克服权力与利益等深层次的障碍，应在引入整体性治理理论的基础上，建立政府—市场—社会之间的合作伙伴关系，在目标、功能、信息、政府与社会进行整合，弥补政府监管职能的“碎片化”状态[31]。苗建萍和熊梓杰提出政府监管体制改革可以实行“三步走”，并引入第三部门协管和社会公众媒体监督，组建大监管体制[32]。宋强和耿弘认为中国食品安全监管体制长久以来运行低效的一个重要原因在于多头分散的监管模式始终没有改变，另一重要原因是社会性参与不足。当前监管体制的变革方向是构建全社会广泛参与的集中统一大食品安全监管体制[33]。

二、食品安全监管法律制度

在 2009 年《食品安全法》颁布之前，为保障广大人民群众的身体健康和生命安全，全国人大及其常委会制定了《中华人民共和国刑法》（1979 年制定，1997 年修订）、《中华人民共和国国境卫生检疫法》（1986 年制定，2007 年修订）、《中华人民共和国标准化法》（1988 年）、《中华人民共和国农业法》（1993 年制定，2002 年修订，以下简称《农业法》）、《中华人民共和国产品质量法》（1993 制定，2000 年修订，以下简称《产品质量法》）、《食品卫生法》（1995 年）、《中华人民共和国动物防疫法》

（1997 年制定，2007 年修订）、《中华人民共和国农产品质量安全法》（2006 年）等近 20 部相关法律；国务院制定了《农药管理条例》（1997 年制定，2001 年修订）、《兽药管理条例》（2004 年）、《生猪屠宰管理条例》（1997 年制定，2007 年修订）等近 40 部相关行政法规；国务院农业、卫生、质监、工商等部门制定了《无公害农产品管理办法》（2002 年）、《新资源食品管理办法》（2007 年）、《转基因食品卫生管理办法》（2002 年）等近 150 部部门规章。上述法律、行政法规、部门规章初步构建了我国食品安全保障的基本法律框架，促进了食品安全保障的法制化水平。2009 年颁布的《食品安全法》是食品安全领域第一部真正意义上的基本大法，该法确立了食品安全风险监测和风险评估制度、食品安全标准制度、食品生产经营行为的基本准则、索证索票制度、不安全食品召回制度、食品安全信息发布制度，明确了分工负责与统一协调相结合的食品安全监管体制，为全面加强和改进食品安全工作，实现全程监管、科学监管，提高监管成效、提升食品安全水平，提供了法律制度保障。

对于食品安全监管法律体系的研究多从行政立法体系、行政执法体系、中外食品安全监管的比较这几个角度展开。

一方面，学界普遍认为法律制度不健全是当前制约我国食品安全监管的重要因素之一，主要反映在：法律上对于监管主体、权限设置不合理，造成了监管法律体系的不完备，影响监管力度；法律政策的空白、不完整与非连续性导致了执行难的问题；缺乏对食品安全新情况、新问题的预见性和反应力度；欠缺对食品公共安全规制者的规制等。肖进中认为我国应加强食品安全法律制度建设、合理划分各个执行部门的职责权限、加大对违法行为的处罚力度和建立健全社会监督机制等[34]。潘星丞认为应借鉴监督过失理论，以危惧感说认定监督人过失；应根据客观归责论，结合《食品安全法》判断监督过失行为；根据法人实在说，我国监管刑事责任主体应为行政监管人员，不能以中断论将监督客体限制为被监督人的过失行为。监督人罪名与被监督人罪名无关，监管刑事责任与渎职罪责任是想象竞合关系。一般应按过失以危险方法危害公共安全罪追究食品监管刑事责任[35]。杨雪和周江涛认为食品安全法规的管理与发展需要法社会学，实现食品安全除了通过加强食品安全立法，理顺食品安全监管体制外，还需要在法社会学的指导下，进一步明确监管责任，进一步加强监管力度等多措并举[36]。毛振宾认为我国现行的食品安全法律法规体系都是条块自然演进而成，缺乏逻辑上的完整性和以食品安全为核心的整体性、统一性，而且部门印记非常明显，相互矛盾、重复现象多，且内容不全面、内容较旧，从法律角度来看机构的整合和职能的统一是总的趋势[37]。刘厚金基于国外经验和本土经验，探讨了食品安全风险分析的法律机制[38]。崔卓兰和赵静波认为我国食品安全监管法律制度的改革思路应从更新监管观念、完善监管法律制度和加强配套制度建设等方面加以考虑[39]。解志勇和李培磊提出建立二元化（市场主体、监管主体）、多层次（道德、政治、行政、法律等）、立体化、可操作、高效率的食品安全法律责任体系[40]。周游和赵学刚分析了我国当前食品安全公众参与制度的困境，借鉴美国食品安全公众参与机制的经验，提出了完善公众参与法律制度，设立消费者委员会和加强食品安全教育等对策[41]。朱珍华和刘道远认为缘于食品领域侵权行为的特殊性，要明确民事责任的构成要件，核心是无过错责任原则的判断规则，同时在制度上确立连带责任制度和惩罚性赔偿制度极为关键[42]。

另一方面，部分学者认为不能过分倚重于食品安全监管法律法规，社会监管、道德引领等可以弥补食品安全法律治理的不足。丁冬认为对法律作用过分倚重所衍生的“法律万能主义”思维和媒体报道下所衍生的“重刑主义”思维的相互勾连，并无助于食品安全问题的有效解决，而应跳出食品安全保障的“法律中心主义”思维，转而强化食品安全保障的社会多主体参与的“社会管理”过程[43]。隋洪明认为目前有必要反思“主流研究”的偏差，改变“监管依赖”思维模式，加强非监管机制研究，构建企业自律、公众参与、信用建设和信息传递等非监管制度，弥补监管制度的不足，走出食品安全监管劳而无功的困境，塑造放心、健康、和谐的食品安全环境[44]。王伟和蒲丽娟认为道德可以超越食品安全法律治理的不足，实现食品安全的源头治理与内在自律。道德与法律在食品安全治理中相互支持，能够有效保障食品安全，提升食品安全水平[45]。

三、食品安全监管绩效

食品安全监管作为政府工作的一个重要组成部分，其绩效评价指标体系的构建流程、逻辑框架、评价方法可以采用政府绩效评估理论。有关食品安全监管绩效的研究较少，从现有的研究来看，主要是有关食品安全监管绩效影响因素、指标体系构建的探讨。

尹明珠把平衡计分卡思想引入食品药品监管系统的绩效评估体系，设计出了食品药品监管系统的平衡计分卡指标体系[46]。刘录民等运用政府绩效评估的一般理论和各地实践经验，结合我国食品安全监管实际，在理论上构建了一套地方政府食品安全监管绩效评估指标体系，该体系从投入、管理、产出与结果 3 个维度来设计[47]。刘为军等基于食品安全利益相关者理论，以北京、浙江、福建、江苏、陕西、河南、山东、广东、青岛 9 个食品安全示范区为例，实证分析了现阶段中国食品安全控制绩效的关键影响因素。结果表明，政府控制、生产者控制、消费者控制、科技控制是目前中国食品安全综合示范控制模式绩效的关键影响因素[48]。

刘鹏基于历史角度的分析，从历史制度主义有关路径依赖的观点出发，结合我国食品安全监管体制几十年来的发展轨迹，总结认为：分散的监管权力配置结构、不足的监管独立性、过于依赖行政方式的监管风格及孱弱的监管基础设施建设，已经成为制约中国食品安全监管绩效提高的四大结构因素[49]。杨超峰等认为食品安全监管资源配置方式制约着监管绩效的提升[50]，提高食品安全监管绩效，应当在加大资源投入力度的同时，提高资源的利用效率。秦利从准入制度建设能力、食品安全检验检测能力、安全认证食品发展情况、监管部门信任度 4 个方面构建了食品安全政府监管绩效评估体系[51]。赖涪林和康焱认为食品安全监管的绩效可以用与强制性因素对应的绩效和与扰乱性因素对应的绩效来综合衡量。影响食品安全监管的强制性因素包括行政体系、立法体系、司法监督体系和舆论监督体系，扰乱性因素包括对上级的敷衍、地方保护主义、自身经济利益、制度漏洞和院外集团[52]。

总之，对于食品安全监管绩效评价的研究，在理论上主要借鉴于政府绩效评价的思路、逻辑框架、模型方法；食品安全监管绩效评价还没有系统的、全面的、深入的研究，已有的研究大多停留在对食品安全监管绩效的影响因素、必要性评价上。对于指标体系的构建也处于初步的探讨阶段，没有形成系统、科学的指标体系及评价方法。

第四节　国外食品安全监管体制、法制和监管绩效

一、食品安全监管体制

在国家层面，国外食品安全监管体制的发展和完善也经历了漫长的过程，比较有代表性的食品安全监管体制有美国、英国、德国、日本和加拿大的监管体制。

美国的食品安全监管体制由联邦政府、州和地方政府部门组成。在联邦政府层面上，有 12 个部门涉及食品安全监管。在这 12 个部门中，主要的食品安全监管部门是美国农业部的食品安全检验局（Food Safety and Inspection Service，FSIS）和美国卫生部的食品药品监督管理局（Food and Drug Administration，FDA）。美国农业部的食品安全检验局负责肉、禽及蛋制品的食品安全监管，美国卫生部的食品药品监督管理局负责农业部监管之外的食品安全监管[53]。据此，食品安全检验局和食品药品监督管理局被称为美国的两大食品安全系统（America’s two food safety system）。由此可见，美国实行的是多个部门参与的食品安全监管体制，这种体制在职责和工作范围上似乎界定得很清楚，但实际上仍存在食品安全监管职能重叠、重复监督检查、食品监管的权限不一致的缺陷。鉴于此，美国从 20 世纪 90 年代后期就开始关注欧盟和加拿大的食品安全监管体制，并着手美国食品安全体制改革的研究[54]。美国政府责任办公室（Government Accountability Office，GAO）于 2004 年建议国会考虑制定综合性的、统一的、以风险分析为基础的食品安全法律，以及建立单一的、独立的食品安全监管机构。

英国的食品安全职能由几个中央政府部门分担，如农业部、渔业部、食品部、卫生部及地方政府。1999 年，为解决公众关注的食品安全问题，议会通过了《食品标准法》，建立独立的食品标准局（Food Standards Agency，FSA），作为国家食品安全的领导机构。食品标准局负有食品安全监管的职责，但没有促进农业或食品发展的责任[55]。

德国议会在 2002 年批准建立联邦消费者保护和食品安全办公室与联邦危险性评估研究所[56]。这两个新机构都隶属于消费者保护、食品及农业部。联邦消费者保护和食品安全办公室是一个协调机构，负责指导食品安全危险性管理，并承担德国与欧盟委员会联系点的工作；联邦危险性评估研究所，在所有涉及消费者健康保护和食品安全方面（除动物疾病外），为联邦政府制定法律和政策提供公正、科学的意见和支持；进行危险性评估，并将评估结果告知公众；开展危险性评估，但不参与政策制定，使危险性评估远离可能的政治干涉，以增强公众对危险性评估的信心。

根据日本《食品安全基本法》《食品卫生法》《日本农业标准法》（Japanese Agriculture Standard，JAS），食品安全的监管部门主要有日本食品安全委员会、厚生劳动省和农林水产省。食品安全委员会成立于 2003 年 7 月，是主要承担食品安全风险评估和协调职能的直属内阁机构；厚生劳动省将原医药局改组为医药食品局，下设食品安全部；农林水产省下设消费安全局。上述部门分别负有相应的职责。农林水产省和厚生劳动省在职能上既有分工又有合作，各有侧重。农林水产省主要负责生鲜农产品及其粗加工产品的安全性，侧重生产和加工阶段；厚生劳动省负责其他食品及进口食品的安全性，侧重进口和流通阶段。农药、兽药残留限量标准则是由两个部门共同制定。

加拿大于 1996 年进行了食品安全监管机构的重组，将卫生、农业、渔业和海洋部门的食品安全监管职能合并，成立加拿大食品监督署（Canadian Food Inspection Agency，CFIA），于 1997 年 4 月开始工作[57]。加拿大食品监督署的职责有：进出口食品的监督，实验室和诊断支撑，危机管理和产品召回及出口认证。加拿大食品监督署直接向加拿大农业及农产品部部长报告工作。加拿大卫生部负责公共政策和标准的制定，包括研究、风险评估，以及制定食品中允许物质的限量标准。

综合上述发达国家在国家层面的食品安全监管体制，主要将其分为三类：单一部门的食品安全监管体制，如英国、德国、加拿大等；两个部门的食品安全管理体制，如日本农林水产品的安全管理、防止土壤污染等工作，由农业部门负责；而生产、流通和消费环节及进口食品的安全管理，则由卫生部门负责；多部门的食品安全监管体制，如美国联邦政府有 12 个部门涉及食品安全监管，但主要是美国农业部的食品安全检验局和美国的食品药品监督管理局。食品安全检验局负责肉、禽及蛋制品的食品安全监管，食品药品监督管理局负责农业部监管之外的其他食品安全监管，国土安全部则负责协调各食品安全监管部门之间的监管行为。

二、食品安全监管法律制度

（一）欧盟食品安全监管法律体系

欧盟在 2000 年颁布的《食品安全白皮书》（简称《白皮书》）虽不是法律性规范文件，却是欧盟食品、动物饲料生产及安全监管系统一个极有标志意义的法律基础，确立了食品安全监管的基本原则，是欧盟食品安全监管的蓝本。《白皮书》对欧盟食品安全法规体系进行了完整的规划，主要确立了以下三个方面的战略思想：①计划组建一个对食品风险评估和关于食品安全问题交流负责的独立欧洲食品安全局；②在食品立法中始终贯彻“从农田到餐桌”的原则；③确立了食品安全的责任主体，即食品和饲料从业者。

同时，按照《白皮书》的决议，欧盟于 2002 年 1 月 28 日颁布实施了第 178（2002）号法令，这是继《白皮书》后又一个重要的里程碑。它主要拟定了食品法律的一般原则和要求，定义了食品、食品法律、食品商业、风险分析等 20 多个概念。该法规就是著名的《食品基本法》，它颁布了欧盟食品安全总的原则和目标，为以后的食品法制定提供了法律基础。

欧盟其他关于食品质量安全方面的法律有《食品卫生法》《通用食品法》《添加剂、调料、包装和放射性食物的法规》等，另外还有一些由欧洲议会、欧盟理事会和欧盟委员会单独或共同批准并在《官方公报》公告的一系列指令，如关于动物卫生法律、关于动物饲料安全法律、关于化学品安全法律、关于辐照食物法律、关于食品添加剂与调味品法律等。近年来，欧盟不断修订食品安全相关法律，尤其自 2000 年以来，对食品安全条例进行了大量的更新和修订，修订的主要依据是从“农田到餐桌”的综合监管，良好的卫生操作规范、危害分析和关键控制点。2006 年 1 月 1 日，由欧盟委员会提出并在欧洲全体会议获得批准的《欧盟食品及饲料安全管理法规》开始实施。

（二）日本食品安全监管法律体系

日本食品安全法律体系由基本法律和一系列专业法律法规组成。其中，《食品卫生法》和《食品安全基本法》是食品安全的两大基本法律。《食品卫生法》具有以下特点：①涉及的对象多；②将权力授予厚生劳动省，明确食品安全管理责任由厚生劳动省和地方政府共同承担；③以危害分析和关键控制点为基础。《食品卫生法》是日本监管食品安全最重要的法典，以保护人们远离饮食导致的健康危险，并改善和促进公众的健康，日本的食品安全管理工作就是根据该法来进行的。2003 年日本制定并开始实施《食品安全基本法》，以期进一步完善食品安全法律体系和管理体制。该法强调食品安全事故的风险管理及食品安全对健康影响的预测能力，为日本的食品安全行政制度确立了基本原则。其主要内容包括：消费者至上的原则，强调地方政府和消费者的共同参与；确立管理机构的协调原则，决策前进行风险评估，强调多方的协同行动，以促进风险信息交流；建立食品安全委员会，独立进行风险评估并向风险管理部门提供科学建议。

除上述两大食品安全基本法外，日本与食品安全相关的法律法规还包括《食品卫生法实施细则》《植物检疫法》《食品卫生法实施令》《计量法》等，以及与进出口食品相关的《进出口贸易法》《关税法》等。目前，日本与食品安全相关的法律法规多达 300 多部，涵盖了食品质量卫生、农产品质量、投入品质量、动物防疫、植物保护等方面。

（三）美国食品安全法律体系

美国被世界公认为具有最完备的食品安全法律体系，主要由《联邦食品、药品和化妆品法》（Federal Food，Drug，and Cosmetic Act，FFDCA）、《联邦肉类检验法》（Federal Meat Inspection，FMI）、《禽类产品检验法》（Poultry Products Inspection Act，PPIA）、《蛋类产品检验法》（Egg Products Inspection Act，EPIA）、《食品质量保障法》（Food Quality Protection Act，FQPA）、《联邦杀虫剂、杀真菌剂和灭鼠剂法》（The Federal Insecticide，Fungicide，and Rodenticide Act，FIFRA）和《公众卫生服务法》（Public Health Service Act，PHSA）七部法律组成。大部分食品安全法的精髓来自 1938 年的《联邦食品、药品和化妆品法》。根据这些法律，设立了食品药品安全监管机构，并授权监管机构进行监管的权力及明确相互之间的权限。在食品药品的安全控制上，要求企业在新产品上市之前须通过食品药品监督管理局的审评，以控制风险。

《联邦食品、药品和化妆品法》作为美国食品安全法律体系的核心，首先在第 903 节中对食品药品监督管理局做了专门规定；其次，在监管范围上，要求食品药品监督管理局监管除了肉、禽和部分蛋类以外的国产和进口食品药品的生产、加工、包装、储存；最后，该法律将主要精力集中在对标签的管制。《联邦肉类检验法》《禽类产品检验法》《蛋类产品检验法》规定了农业部下属的食品安全检验局的职责主要是规范肉、禽、蛋类制品的生产，确保销售给消费者的产品都是卫生安全的。《食品质量保障法》主要对农业及食品中的农药残留进行规制，对应用于所有食品的全部杀虫剂制定了一个单一的、以健康为基础的标准，要求定期对杀虫剂的注册和允许量进行重新评估，以确保杀虫剂注册的数据不过时。《联邦杀虫剂、杀真菌剂和灭鼠剂法》规定了杀虫剂残留的卫生标准，并授权国家环境保护署（Environmental Protection Agency，EPA）对用于特定作物的杀虫剂的审批权，以避免环境中的其他化学物质、空气和水中的细菌污染物威胁食品的安全性。《公共卫生服务法》明确了严重传染病的界定程序，制定了传染病控制条例，规定了检疫官员的职责，并对战争时期的特殊检疫进行了规范。

美国法律所规定的食品安全体系由司法、立法和执法三个部分构成。立法部门主要负责食品安全相关管理法规的制定，并由国会和各州议会负责颁布；执法部门专门负责法律法规的执行工作及部分法规的修订工作；监管工作则主要由司法部门来负责，包括法规产生争端所需做的相对公正的裁决。美国的食品安全法律框架是以美国法典为最高统帅，以《联邦食品、药品和化妆品法》为核心，囊括了各种食品领域法律规范在内的法律体系。

上述食品安全监管法律体系是相应国家和地区食品安全监管体制的重要部分，虽然不同国家和地区的食品安全监管法律体系有所不同，但它们也具有一些共性。首先是制度的完善性，这是食品安全监管有效开展的前提。食品安全监管各部门职责的划分、资源的整合，需要健全的制度保障；食品安全监管法律体系应将事后法理念转变为事前法，需要建立一套完善的风险评估及预警机制，将食品安全问题在源头处理；制度的完善性还表现在这些国家和地区都将食品安全标准摆在非常重要的位置，从原料、添加剂、操作流程和标准等方面加强监管，可操作性强。其次是信息公开性，让消费者真正参与到食品监管体系中来。公开信息涵盖了食物链的全过程，在公众的监督之下，可对生产中的各个环节实施有效的监控[58]。增强食品安全监管信息的公开性和透明度，接受社会监督，让社会公众参与其中，促进制度完善的同时，也减少了管理漏洞，提高了管理效率；另外，也增强了公众信心、促进社会稳定。最后是惩罚严厉性，加大惩罚力度，使“违法成本”远远高于“守法成本”。对于食品安全违法的惩罚包括从民事、行政到刑事处罚，强有力的惩罚是对违法行为的有效震慑，严厉的处罚是事后法最有效的补救手段，也是构成食品安全法律监管体系的重要一环。

三、食品安全监管绩效

法律法规的效率评估最早是由德姆塞茨在 20 世纪 60 年代末提出的。从 80 年代开始，以美国为代表的西方国家兴起了改进规制效率、效果和透明度的趋势，这种趋势逐渐发展为公共决策方面的法规效果评估，成本与效益分析是其中的基础性分析工具[59]。为使食品安全政策效能发挥最大，近年来发达国家开始对食品安全管理规制进行成本效率的分析研究。1995 年，美国农业部成立了规制评估和成本收益分析办公室，其他许多国家也采用了一些规章性的审核，所有经济合作与发展组织（Organization for Economic Cooperation and Development，OECD）成员国的政府部门都已要求使用一些科学方法对规制进行评估[60]。联合国粮农组织及世界卫生组织等国际组织也鼓励各国采用法规的评估方法来判断某种食品安全法规是否合理和必需[61]。Antle 提出了有效食品安全管制的原理，并结合 Rosen 的竞争性企业生产品质差别的产品模型和 Gertler、Waldman 的质量调整成本函数模型，构建了肉类企业的理论和计量经济成本函数模型，检验“产品安全性不会影响高效率”的假设[62]。经济学家如 Arrow 等提出了环境、健康和安全管制的成本收益分析原理；其他的重要成果，如 French、Neighbors、Carswell、Williams 和 Bush 估计了企业履行食品加贴标签法规的成本[63, 64]。

同时，部分学者对实施危害分析与关键控制点（hazard analysis critical control point，HACCP）体系或者 ISO 系列质量管理体系的效益进行了分析和评价。英国学者在这个领域进行了大量研究，代表人物有英国里丁大学的 Henson 教授等[65-67]。Ehiri、Morris 和 McEwen 的研究表明，虽然实施 HACCP 体系可能降低产品召回率、节约时间和资源，但规制机构并没有就此向食品企业提供令人信服的研究证据。因此，政府应加强 HACCP 体系的成本-收益研究，向食品企业表明实施 HACCP 体系的效益，从而提高企业积极性。Zaibet 和 Bredahl 的研究表明，认证成本不会成为企业实施质量管理体系（quality management system，QMS）的限制因素，实施质量管理体系认证使生产成本向供应商转移，从而为中间加工商和消费者双方带来收益。Unnevehr、Gome 和 Garciap 研究了肉类企业实施食品安全规制对社会福利造成的损失。除此之外，Bo-Hyun 和 Neal 研究了机会成本对食品安全规制的影响。

第五节 研究路线、内容与方法

一、研究路线

本书基于食品安全监管绩效评价基础理论，首先，对我国食品安全监管体系现状进行分析，综合采用文献综述法、专家调查法和统计分析方法筛选出影响我国食品安全监管绩效的因子；应用政府绩效评价理论，构建了我国地方政府食品安全监管绩效评价指标体系，并通过实证分析建立我国地方政府食品安全监管绩效的评价方法。其次，提出了对国内食品安全监管绩效进行优化的对策。最后，对基于物联网的冷链食品安全监控系统应用平台和基于冷链的肉制品可追溯系统进行了研究（图 1-2）。

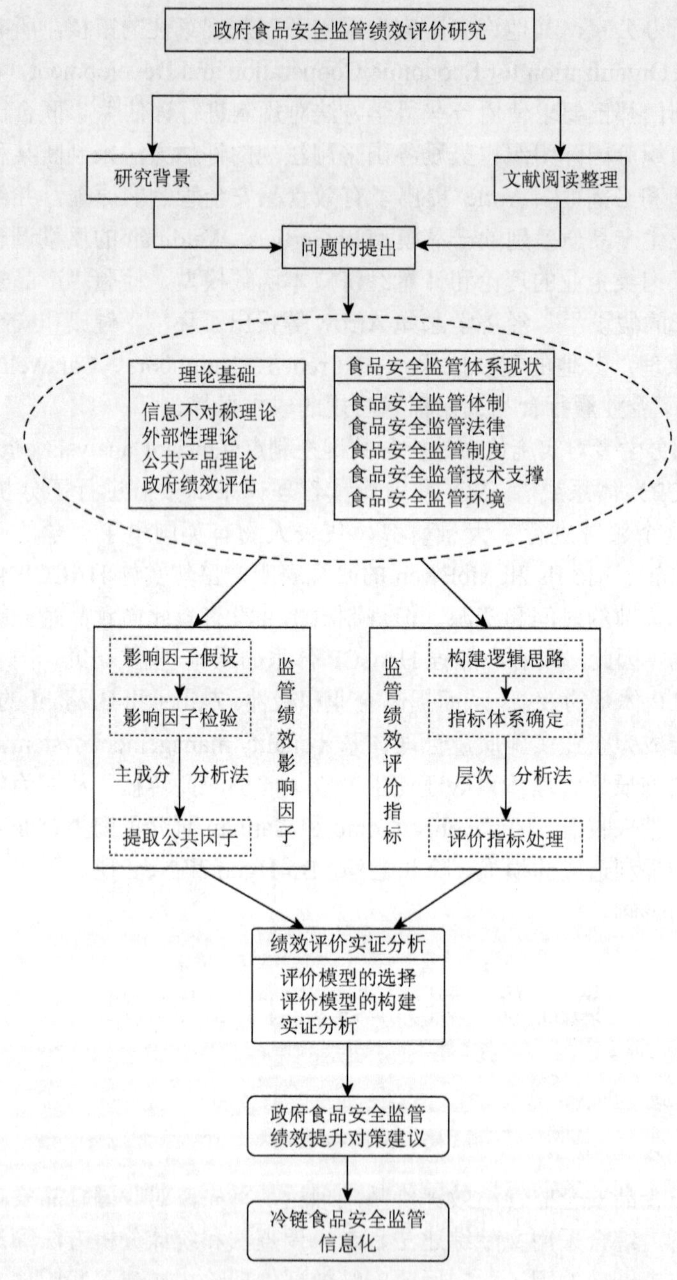

图 1-2　本书的研究路线

二、研究内容

第一章，绪论。分析本书的选题背景、选题意义，对相关文献进行收集、整理，分析国内外学术界对这一主题的研究成果，探求研究的切入点，进而构思本书的研究思路，设计主要的研究内容，提出相应的研究方法，提炼本书可能的创新点。

第二章，对食品安全监管绩效评价指标体系构建的理论基础进行了归纳。政府食品安全监管绩效评价的理论基础主要涉及信息不对称理论、外部性理论、博弈理论、公共产品理论、整体政府理论和政府绩效评估理论。

第三章，对目前我国食品安全管理体系的现状进行了分析。以食品供应链管理理论为基础，从食品安全监管组织体系、监管制度、监管技术支撑和监管环境方面分析我国食品安全监管体系。

第四章，研究了食品安全监管绩效的影响因子。通过文献综述及专家咨询法假设政府食品安全监管绩效的影响因子，并对各影响因子如何影响政府食品安全监管绩效进行假设描述。采用主成分分析法提取公共因子，消除影响因子之间的线性相关性，利用回归模型得到公共因子对运行绩效的线性回归方程，从而准确解释各影响因子对运行绩效影响程度的大小。

第五章，构建食品安全监管绩效评价指标体系。在借鉴政府评估理论的基础上，对政府食品安全监管绩效评价指标体系构建的原则、基本流程、逻辑框架进行了研究，并进一步构建了政府食品安全监管评价指标体系，采用层次分析法（analytic hierarchy process，AHP）和 Matlab 软件计算确定了每个评价指标的权重系数。

第六章，食品安全监管绩效评价模型构建及实证分析。结合政府食品安全监管绩效评价的特点，采用数据包络分析方法，以 2011 年河南省 18 个省辖市为决策单元，在对食品安全监管绩效评价指标体系改进的基础上进行了实证分析。

第七章，食品安全监管绩效改进对策和建议。在前文分析的基础上，提出了改进我国食品安全监管绩效的对策建议。

第八章，城市冷链食品安全监控系统。

第九章，基于冷链的肉制品质量追溯系统。

第十章，结论与展望。首先对前述的研究进行总结，提炼出本书的主要观点和研究结论，并展望今后进一步的研究方向。

三、研究方法

本书研究过程中，主要采用理论研究和实证研究相结合、文献调查和专家问询相结合、定量分析与定性分析相结合等方法的综合使用，为本书的理论、数据、实践等方面的论述提供了坚实的支撑。

理论研究与实证研究相结合。理论研究是本书的主要指导思想和基本骨架，也是一定价值、观念判断的标准；实证研究是对理论的一般性和客观性检验，对理论起修正作用。从现场资料和文献资料调查入手，通过对食品安全监管自身特点的分析，以绩效评价理论和多指标综合评价为理论基础，建立评价指标体系，并通过实证分析，为食品安全监管绩效评价指标体系的设计建立现实平台。

定量分析与定性分析相结合，完善评价模型。将食品安全监管绩效评价指标定量化；同时，采用模糊层次和相对熵群决策分析法确定指标权重。在此基础上，采用灰色关联综合评价法建立评价模型。

第二章　食品安全监管绩效评价理论分析

第一节　信息不对称理论与食品安全监管

一、信息不对称理论

信息不对称是指在政治、经济等活动中，一些成员拥有其他成员无法拥有的信息，由此造成信息的不对称。在市场经济活动中，各类人员对有关信息的了解是不对等的，掌握更多信息的一方可通过向信息贫乏的一方传递可靠信息而在市场中获益，从而处于比较有利的地位；买卖双方中拥有信息较少的一方会努力从另一方获取信息，处于不利的地位。信息不对称可能产生代理人、道德风险和逆向选择问题。美国经济学家乔治·阿克尔罗夫对这种现象曾做过如下解释：当卖方所拥有的商品质量信息多于买方时，会产生出售低质量商品的现象，导致劣质商品驱逐高质量商品，从而使市场上的商品质量不断下降。

在市场经济中，信息不对称形成的原因主要有三个方面。首先，消费者获得准确信息的难度较大，销售者从自身利益考虑，不会给予消费者关于产品的全部信息；而且，从另一方面考虑，就算信息被公布，消费者因为获取信息的成本限制也无法找到一个合适的途径获得全部信息。其次，消费者难以正确理解和判断信息。随着科技的进步，商品生产领域的技术性和专业性越来越强，作为普通的消费者很难充分理解包涵大量技术含量的产品信息。最后，在选择产品上消费者并不是完全自由，由于产品自身原因的限制，就算消费者能掌握充足的信息，在实际交易中却并没有太大的选择余地。

信息不对称是市场经济的弊病，若想减少信息不对称对经济产生的危害，政府应在市场体系中发挥其强有力的作用。这一理论为很多市场现象如就业与失业、医疗服务、信贷配给、食品安全等提供了解释，并成为现代信息经济学的核心，被广泛应用于从传统的农产品市场到现代金融市场等各个领域。同样，信息不对称也是食品安全监管的主要影响因素之一，制约着对政府监管绩效的评价。

二、食品安全信息不对称

从原料的种植或养殖到加工、包装、运输直至市场流通，整个食品产业链上的每一环节都可能因为利益的驱动导致出现众多假冒伪劣、违法生产食品的行为，而其产生的基础是食品生产者、销售者与消费者之间的信息不对称问题。因为消费者远离食品从原料到成品的信息，并且食品质量安全问题从最初“看得见”的因素发展到虽然“看不见”却能检测到的因素，再到既“看不见”也很难检测到的因素，使消费者已经无法依靠自身力量有效地保护自己[68]。

学者尼尔逊（Nelson）按消费者获取商品质量信息的途径，将所有商品分为三类，即搜寻品（search products）、经验品（experience products）和信用品（credit products）。搜寻品是指消费者在购买前通过自己检查就可以知道其质量的商品，如服装、家具等。经验品是指只有购买使用后才能判断其质量的商品，如电脑、空调、照相机等。信用品是指购买使用后也不能准确判断其品质的商品，如药品等。

食品兼具搜寻品、经验品、信用品的三重特征[69]。食品的搜寻品特征主要指消费者在购买之前就能够直接了解到有关食品安全的部分信息，如食品的颜色、大小、品牌、商标、包装、价格、产地等。食品的经验品特征主要指消费者只有在亲身食用之后才能了解到有关食品安全的部分信息，如食品的新鲜程度、口感等。食品的信用品特征主要指消费者在亲身食用后也无法了解关于食品安全的部分信息，如食品的农药兽药残留指标、重金属含量指标、菌类总数、各种营养元素是否达标等。

食品的经验品特征，尤其是信用品特征存在严重的信息不对称现象。这些特殊性使市场上的买卖双方一样面临着对食品安全信息了解的不完全性，将消费者信息不完全而生产者完全的信息称为不对称不完全信息；而生产者和消费者信息都不完全的称为对称不完全信息[70]。在农产品种植环节，农民知道农作物种植和养殖过程中农药、兽药的使用情况，而食品加工企业和消费者却不知道；食品加工企业知道食品加工过程中的各种添加剂、营养剂的使用情况和加工质量控制过程，而食品销售者和消费者一般很难掌握；在食品流通环节中，食品批发零售商知道运输、仓储等是否满足相应的操作规程，消费者却难以了解。有些出厂合格的食品在流通过程中受损或变质，却依然到了消费者的口中，这都是不对称不完全信息。另外，即使生产者了解食品质量和安全的相关信息，也很难将这些信息传递给食品链的其他成员，如加工商、销售商、消费者等。有些技术方面的信息，不仅消费者难以知晓，不具备相关专业知识的生产者也难以理解，这些属于对称不完全信息问题。

第二节　外部性理论与食品安全监管

一、外部性理论

市场经济的外部性，是指一定的经济行为对外部产生影响，造成私人成本与社会成本、私人收益与社会收益相偏离的现象。根据偏离的不同方向，外部性可分为正的外部性（positive externalities）与负的外部性（negative externalities）。正的外部性是指经济主体在市场机制作用过程中，为第三方或其他经济主体带来了收益或福利，但却不能得到回报或报酬，即外部经济。负的外部性是指在市场机制作用的过程中，经济主体给他方带来利益上的损害，增加其生产成本，同时也必然增加了社会总成本，造成资源浪费，效率低下，然而经济主体却未为此赔偿损失，即外部不经济。

在正外部性经济活动中，参与经济活动的主体通过其活动所获得的私人收益小于该活动所创造的社会收益；在负外部性经济活动中，其活动所付出的私人成本小于该活动所造成的社会成本[71]。可以用公式表示社会总成本与其他成本之间的关系。当存在外部性时，经济主体从事经济活动的全部成本不仅包括其自身付出的成本，还应包括那些因其活动行为而产生的外部成本，这部分成本实际是由社会承担，即

$$外部成本=社会成本-私人成本$$

运用边际分析方法变形上述公式，可得

$$边际外部成本=边际社会成本-边际私人成本$$

对于产生负外部性的企业经营者来说，根据边际成本等于边际收益的原则，企业会将价格定得过低，在资金总额不变的情况下，产量会上升，规模扩大；反之，如果产生的是正外部性，那么相关企业出于其自身利益的考虑，就会提高价格，缩减产量。这将最终导致对社会产生越多负外部性的产品被生产得越多，产生越多正外部性的产品反而越难以大量生产。

二、食品安全外部性

在食品市场经济活动中，外部性表现较强。具体体现在两个方面。

一方面是食品市场上生产、销售安全食品的厂商对消费者和生产及销售不安全食品的厂商产生的外部性。具体表现在，对消费者而言，生产、销售安全食品的厂商所生产、销售的符合卫生及质量标准的安全食品，不仅可以解决消费者的饥渴问题，给消费者带来食品消费的信任感、愉悦感；同时，还可以将这种信任感、愉悦感通过多种途径传递给其他消费者。而对于生产、销售不安全食品的厂商而言，由于长期生产、销售安全食品的厂商在消费群体中已经拥有良好声誉，当消费者不能准确区分安全食品和非安全食品时，非正规厂商就可以凭借优质食品的良好声誉来实现其不安全食品的销售，从而获得利益。生产、销售不安全食品的厂商由此获得的不法利益，就是生产、销售安全食品的厂商对生产、销售不安全食品厂商的正的外部性在起作用。

另一方面是生产、销售不安全食品的厂商给消费者、社会和其他食品企业带来的负外部性。具体表现在，对消费者而言，生产、销售不安全食品的厂商生产和销售的不安全食品，不仅影响了消费者的正常食用，而且还会给消费者带来如身体健康的损坏、生命安全的威胁、心理上产生的不信任甚至是恐慌；不安全食品的销售和生产会令社会及人民群众感到恐慌，乃至社会动荡不安；由于非法厂商的伪劣产品在消费者心目中造成的恶劣印象，群众对生产企业产生信任危机，情况严重的还会影响到该行业或产业的所有企业，消费者对整个行业或产业产生不信任。

第三节 博弈理论与食品安全监管

一、博弈理论

博弈理论，是研究不同决策主体行为之间在相互影响和相互作用时各种决策均衡问题的理论，它根据参与人是否能够达成有约束力的协议而分为合作博弈和非合作博弈。“博弈”一词的英文单词是 game，意为对策、游戏。事实上，博弈也确实源自最初的下棋、打牌等游戏。不仅下棋这类游戏，凡是带有相互竞争与合作特征的地方，都必然存在博弈。

博弈包含以下几个特征：①博弈涉及至少两个独立的博弈参与者。每个参与者通过采取行动，努力使自己的效用或利益最大化。但是，他行动的好处或支付的获得取决于另外的参与者。②博弈涉及行动者存在着策略选择的可能，博弈理论用策略空间来表示参与者可以选择的策略。③参与者在不同策略组合下会得到一定的支付。④对于博弈参与者来说，存在一个博弈结果。所谓结果是参与者最终对策略的选择造成的确定性支付。⑤博弈涉及均衡。均衡即平衡的意思，博弈均衡是一种稳定的博弈结果。均衡是博弈的一个结果，但不是说博弈的结果都能成为均衡。⑥重要的均衡——纳什均衡。纳什均衡是最常见的均衡。它的含义是：在对方策略确定的情况下，每个参与者的策略都是最好的，此时没有人愿意先改变自己的策略。简单地说就是，一策略组合中，所有的参与者面临这样的一种情况：当其他人不改变策略时，他此时的策略是最好的。

二、食品安全监管中的博弈现象

在食品市场中，主要的利益相关者之间也存在典型的博弈现象，主要存在于食品生产经营者和消费者之间、食品链上各生产者之间、食品安全监管者与食品企业之间。

第一，在我国食品市场的现实条件下，由于食品的“经验品属性”与“信任品属性”，消费者难以辨别食品的真实质量，因此消费者与生产经营者之间信息完全对称的情况几乎不会出现。食品生产企业往往会拥有比消费者更多的信息，这必然会诱发食品生产企业以次充好的机会主义倾向和行为。企业家通过不正规的途径来降低生产成本，向消费者提供价格低廉但是质量没有保障的食品，由于消费者无法拥有要购买食品的准确信息，因此会因为价格而购买价格较低但是质量不好的食品。同时由于逆向选择，食品生产企业生产不安全食品的利润会远远高于生产高质量食品的利润。这就导致食品生产企业放弃生产高质量产品，安全食品最终被不安全食品驱逐。最终得到的纳什均衡便是食品生产企业只愿意生产不安全的食品，而消费者也只愿意为此支付低价来购买不安全的食品，长此以往，整个社会的食品质量安全水平会不断下降。

第二，在相同环节及不同环节中，不同的规制客体之间会相互博弈。统一环节中，在不完全的信息条件下，一方面由于消费者通常难以辨别食品的真实质量，另一方面由于生产者也不确定其他生产者会采取怎样的生产策略，因此，生产者往往会采取以次充好的机会主义行为，从中谋取更多的企业利润。而食品安全涉及农产品生产原料供给，农产品生产，食品加工、分销、零售等整个食品供给链各个阶段的质量控制。食品的安全性与食品供给链上所有行为主体有关，任一阶段行为主体提供的食品质量都会影响以后各阶段食品的安全性，即任何一个阶段食品安全水平直接影响食品整体的安全水平。所以只有食品供给链上的所有参与者选择互相合作才会有长期收益的可能性，一旦有任何一个参与者选择了违法生产，必然会影响其他参与者的行为选择。

第三，食品安全监管者与食品企业之间的博弈。在现实食品监管市场上，加大对违规生产食品相关企业的惩罚，会降低食品企业提供假冒伪劣产品的概率。即加大惩罚力度是最直接最有效保障食品质量安全和监管效率的重要途径。同时，由于加大了惩罚的力度，食品企业有逃避监管的动机，因此要完善食品监管体系，各部门权责明确，避免食品企业逃避监管。

第四节　公共产品理论与食品安全监管

一、公共产品概念

对公共产品最早的分析可以追溯到大卫·休谟，他在《人性论》（1739 年）一书中提到有些服务只有通过集体行动才能完成。为此，他给公共物品下了一个比较直观的定义：公共物品就是那些不会对任何人产生突出利益，但对整个社会来讲却是必不可少的物品。一般认为，公共产品（public goods）一词最早由林达尔于1919年正式使用，其首先用局部均衡方法求解公共收入最优水平，提出“林达尔均衡”；而首次赋予公共产品经典定义的是保罗·萨缪尔森，他在《公共支出的纯理论》（1954年）里把公共产品定义为：公共产品是指这样一类商品，将该商品的效用扩展于他人的成本为零，无法排除他人参与共享[72]。

公共产品具有共同消费性质、用于满足社会公共需要的物品和服务，它是私人产品的对立物。相对于私人产品来说，公共产品有如下特性。

（1）效用的不可分割性。公共产品是向整个社会共同提供的，具有共同受益或联合消费的特点，其效用为整个社会的成员所共同享有，而不能将其分割为若干部分，分别归属于个人或厂商享用。

（2）受益的非排他性。某个人或厂商对公共产品的消费，并不影响或妨碍其他个人或厂商同时消费该公共产品，也不会减少其他个人或厂商消费该公共产品的数量和质量。即一个人不管是否付费，都会消费并且必须消费这种物品。

（3）消费的非竞争性。非竞争性是指个人或厂商对公共产品的享用并不排斥、妨碍其他人或厂商对它的享用，也不会因此减少其他人或厂商享用该公共产品的数量和质量。享用该公共产品的消费者增加并不引起生产成本的增长，即增加一个消费者，其边际成本等于零。公共产品的这些特征，意味着公共产品的消费者无须通过市场采用出价竞争的方式获得。

根据上述（2）和（3）的特性，还能派生出公共产品的另一个特征，即消费的非拒绝性。任何人不可能拒绝享受公共产品的利益，即处于公共产品效应覆盖范围的消费者必然和自然地受到该产品的服务和影响，而不以其是否希望、愿意和需要这些消费和服务的意志为转移[73]。

此后，布坎南对公共产品理论做了进一步发展。他指出，根据人们的目的，任何集团因为任何原因决定通过集体组织提供的商品或服务，都将定义为公共商品或服务[74]；萨缪尔森定义的是“纯公共产品”，完全由市场来决定的是“纯私人产品”，现实生活中大量存在的是介于纯公共产品和私人产品之间的社会产品，称为准公共产品或混合产品。由于公共产品具有非竞争和非排他的共享特征，在其供给上往往出现“搭便车”现象，即作为理性的经济人，缺乏主动提供公共产品的动力，市场机制难以在公共产品的提供上起作用，公共产品的需求和供给无法通过市场机制来实现自我调节。因此，公共产品必须由政府来组织提供。

二、食品安全公共产品属性

对于食品安全来讲，其公共产品属性主要体现在以下几个方面。

第一，食品安全不仅关系着消费者的身体健康，而且日益成为一个国家乃至整个世界面临的一个最基本性的公共卫生问题。这种形势源于快速发展的经济、食品新技术的应用、新的食品安全风险因子的出现和贸易的全球化。而公共卫生引发的事件构成重大公共安全事件，具有耦合性、衍生性、快速扩散性及传导变异性等特征，是一种社会非常态事件，更多地表现为全新类型、全新危害特征，与社会常态下的解决方案有很大差异。食品安全无论对政府干预理论来说，还是对自由主义经济理论来说，都毫无争议地被认为是政府必须要提供的经典公共产品之一。

第二，食品安全信息也是公共产品。如前所述，因为销售者与食品生产者对食品安全信息的垄断造成消费者对信息的认知度有很大的局限性。食品生产、销售者的信息垄断和消费者的信息搜寻成本制约，使消费者和食品的生产、销售者处于信息不对称的状态，因此需要政府提供公共产品信息的服务平台。即政府利用其政治职能和其他职能，通过强制性的法律法规和制度，要求食品生产、销售者及时公布其所生产、销售食品的真实卫生及质量信息；通过建立公共食品安全监测体系，定期抽查、检测不同食品的安全状况，并将监测信息公之于众，由此加强全社会的食品安全信息共享程度，使消费者有渠道获取相关信息，从而从制度层面有效降低消费者的交易成本和健康风险，弱化了由于信息不畅而产生的效率低下的情况。

第三，现在全世界范围内恐怖主义行为猖獗，国际环境复杂，食品安全已成为国家安全这一公共产品的重要组成部分。加强国家食品安全，防止恐怖势力、犯罪分子等组织利用食品制造社会突发事件，维护社会和谐稳定，是各国政府的责任。

第五节　整体政府理论与食品安全监管

一、整体政府理论

20 世纪中叶起，为弥补市场的薄弱，西方发达资本主义国家（地区）根据凯恩斯经济学来指导经济活动，开始普遍实行“福利国家”制度。遗憾的是，数年过去了，该制度并未带来预期的经济增长和社会公众满意度的提高，反而随着政府支出的扩大和经济发展的停滞和膨胀，政府的税收加重和公共项目服务的低效率引起公众极大的不满。久而久之，全球经济一体化的推进对效率提出了更高的要求。西方现代化工业社会对公共服务提出了更加多元化的要求，“福利国家”制度及官僚体制的结构、运作方式的烦冗和低效率逐渐遭到西方发达国家（地区）公众的普遍诟病，70 年代末，人们开始向往自由市场、个人责任、个人主义的社会形态。由此一场关于区别传统公共行政管理模式的变革呼之欲出。

新的公共管理治理理论陆续出现在公众的视野。它强调自由市场的重要性，反对各项形式的政府干预，主张引入私营企业高效的管理模式和竞争机制，让公共资源配置的效率提高，公共服务的质量提高。这是一种对传统行政管理学造成极大冲击的理论，政府不再是高高在上、只管发号施令的官僚机构，而是奉行顾客至上的服务提供者，而且服务的提供不以营利为目的，只是强调把资源从低利用率的地方调配至高效利用的地方。

到了 20 世纪 90 年代末，随着信息化和数字化时代的来临，流行了将近 20 年的新公共管理治理方式受到了极大的冲击。新公共管理的市场化、分权化与解制等治理理念使政府机构分散化、碎片化，严重增加了决策系统的复杂性。而科技信息时代的来临则推动着政府管理由分散破碎向整合集中转变。由此，“整体性治理”理论作为对“新公共管理治理”的一种修正，应运而生。

整体政府就是在公共政策与公共服务的过程中，各种公共管理的参与者，包括政府部门、社团、私人组织机构等，在共同的管理活动中相互协调，达到功能整合，并有效利用稀缺资源，为公民提供无缝隙服务的思想和行动的总和。

在治理的组织结构上，整体型治理包括三个方面的整合，即层级治理上的整合、治理功能的整合、公私部门之间的整合。整体政府理论是以实现以上三方面整合，由此为公众提供优质的“一站式”公共服务，避免推诿扯皮与监管空白现象的出现为目标。

事实上，整体型政府治理和新公共管理理论是一脉相承的。首先，从逻辑上，“整体政府”三方面的整合，目的是扭转新公共管理引起的公共服务零散化、效率不高的局面。这不但是对新公共管理缺陷的修正，更是对其逻辑的顺应。其次，从核心主张上，新公共管理推崇的是“顾客导向”，即政府要顺应时事发展所需，改变传统的服务供给方式，把公共产品的顾客作为最宝贵的资源，并提供无缝隙“一站式”服务。而尊重顾客的利益和意见，了解顾客心声，提供顾客切实所需的公共服务正是整体政府理论目标之一，两者的主张恰恰不谋而合。台湾学者彭锦鹏也持类似的主张，他认为整体性治理应当着力解决人民生活中直接的、现实的问题，为公众提供他们切实需要的公共服务。

二、食品安全监管的整体政府趋势

鉴于食品安全监管的监管链条比较长，包括从农田到餐桌的全程，分段监管的体制下，参与监管的部门包括农业、质监、工商、食药监等。难免出现扎堆执法、职能交叉、权责不清等问题，某些环节争着管，某些环节逃避管，甚至造成监管空白地带。“十几个部门管不好一桌饭”“七八个部门管不好一头猪”“铁路警察、各管一段”等形象的比喻常被用于形容我国食品安全监管存在的问题和“碎片化”状态。整体政府理论作为修正政府治理“碎片化”现象而诞生的理论，不失为食品安全治理的良方。

2008年我国以“大部制”为特征的国务院机构改革，在组织结构和监管体制调整上都体现出一定程度的“整体政府”取向。《食品安全法》对食品安全监管体制做出重大调整，明确：“国务院设立食品安全委员会，其职责由国务院规定。国务院食品药品监督管理部门依照本法和国务院规定的职责，对食品生产经营活动实施监督管理。国务院卫生行政部门依照本法和国务院规定的职责，组织开展食品安全风险监测和风险评估，会同国务院食品药品监督管理部门制定并公布食品安全国家标准。国务院其他有关部门依照本法和国务院规定的职责，承担有关食品安全工作。”这一体制调整有利于解决分段监管体制下造成的监管责任不清、互相推诿和扯皮等问题，真正做到全链条无缝监管。更有利于从制度上杜绝监管漏洞，构建统一权威的食品安全监管机构。

第六节　政府绩效评估理论

一、绩效与绩效评估

绩效最早来源于投资项目管理的应用，以可计算的利润来表达，后来在企业管理，尤其在人力资源管理方面得到广泛运用。目前无论是在学术界、企业管理界还是在公共管理界，对绩效还未形成统一的认识与定义。在国内的研究中，不少文献又将绩效等同于一种泛化的效率概念，并没有对两者进行严格区分。国内外许多学者对绩效进行了不同的归纳，结论不尽一致，但共同点在于绩效要素应是一个结构。其中，经济（economy）、效率（efficiency）和效果（effectiveness）组成的“3E”结构被西方学者认为是绩效的新正统学说。国外的历史实践表明，3E指标是构建绩效体系的基本要求，也成为分析绩效的最好出发点，因为该要素结构是建立在一个相当清楚的模式之上，并且该模式是可以被用来测评的。

经济。在评估一个组织的绩效时，首要的一个问题是该组织在既定的时间内花费了多少金钱，是否按照法定的程序来花钱，代表的是一种成本标准。经济指标要求的是要以尽可能低的投入或成本，提供与维持既定数量及质量的公共产品或服务，但是经济指标并不关注服务的品质问题。

效率。效率要回答的问题是机关或组织在既定的时间内，预算投入究竟产生了什么样的结果。效率指标一般包括：服务水准的提供、活动的执行、服务与产品的数量、每项服务的单位成本等。效率可简单地理解为为产生特定水平的效益所付出努力的数量，即投入与产出的关系。效率主要关心的是手段问题，而这种手段一般能以货币的形式加以表达和比较。效率可以分为两种类型：一类是生产效率，指生产或提供服务的平均成本；另一类是配置效率，指组织所提供的产品或服务是否可以满足利害关系人的不同偏好。

效果。效率只适用于可以量化的或货币化的公共产品或服务，而许多公共服务和产品在性质上很难界定，更难量化。这种情况下，效果便成为衡量公共服务和产品的一个重要指标。效果关心的问题在于情况是否得到改善，看服务是否有所改善。效果通常是指公共服务政策目标的程度，通常可以产出与结果之间的关系加以衡量。效果可分为两类：一是现状的改变程度；二是行为的改变幅度。

还有许多学者认为，除了3E之外，公平、责任等也应成为绩效结构的主流要素。从发展的角度来看，绩效越来越成为一个包括经济、效率、效果、公平、责任等在内的综合性的要素结构。

绩效评估（performance evaluation）也称为绩效测评、绩效评价或绩效考评。绩效评估在国内外还没有一致公认的定义。在管理学、组织行为学、人力资源等学科中，都有关于绩效评估的研究，学者们基于各自学科的角度对绩效评估有不同的理解和定义。美国学者朗格斯纳认为“绩效评估是基于事实，有组织地、客观地评价组织内每个人的特征、资格、习惯和态度的相对价值，确定其能力、业务状态和工作适应性的过程”。日本学者伊山吹太郎认为“绩效评估是对雇员与职务有关的业绩、能力、业务态度、性格、业务适应性等方面进行评定与记录的过程”。美国R. 韦恩·孟迪与罗伯特·M. 艾诺等学者认为“绩效评估是组织定期考察、评价和测量个人及小组工作行为、业绩的一种正式制度”。这些定义涉及从过程到制度，从实际工作成就到影响工作成就的诸多因素，在理解上有一定的差异性。一般认为对绩效评估的理解可以从两个层面进行：一是个体层面，绩效评估是对个人工作业绩、贡献的认定；二是组织层面，绩效评估是对企业、政府、公共部门等绩效的测评，其内容较复杂。所以，可将绩效评估定义为：运用科学的标准、方法和程序，对个体或组织的业绩、成就和实际作为进行定量与定性相结合的测定和评价[75]。

二、政府绩效评估

政府绩效又称为国家生产力、公共生产力、公共组织绩效、政府业绩、政府作为等，是指政府在社会管理中的业绩、效果、效益及其管理工作的效率和效能，是政府在行使其功能和实施其意志的过程中体现出的管理能力。政府绩效可分为宏观和微观两个层面。宏观层面的政府绩效以特定的政府为关注对象，涉及整个政府活动的成绩和效果，具体体现为政治的民主与稳定、经济的健康稳定发展、国家安全和社会秩序的改善、社会公正与公平、人们生活水平和生活质量的持续提高等。微观层面的政府绩效则由个人绩效和组织绩效构成。个人绩效包括个人的工作表现、工作态度、工作成绩、专业知识、熟练程度。组织绩效以特定的政府机构或政府部门为关注对象，体现为这些对象的工作成就或效果，具体可用效率、效益、服务质量等来衡量。由于评估指标的可度量性，微观层面的政府绩效评估是最为有效和具有可操作性的，各国所开展的政府绩效评估也以微观层面的政府绩效评估为主。

政府绩效评估是根据管理的效率、能力、服务质量、公共责任和社会公众满意程度等方面来判断，需要对政府管理过程中投入、产出、中期成果及最终成果所反映的绩效进行评定和划分等级。政府绩效评价以绩效为本，谋求公共事务利益相关者之间沟通交流机制的形成，谋求公众通过公共责任机制对政府的直接控制，谋求政府管理对立法机构负责和对公众负责的统一；它以服务质量及社会公众需求的满足为第一评价标准，蕴涵了公共责任和顾客至上的管理理念；它以加强与改善公共责任机制，使政府在管理公共事务、传递公共服务和改善生活质量等方面具有竞争力，其为政府绩效评价的目的。政府绩效评价的实质是以结果为本，以目标为准，以低成本取得高效益，构建评价指标体系来评价行政过程，从而降低政府成本，提升政府业绩，通过一整套完整的评价体系，最终实现政府管理的目标。政府绩效评价并非单一的行为过程，而是由许多环节所组成的综合过程。它是一种政府治理方式，是公众表达利益、参与公共管理的重要途径与方法，充分体现了政府管理寻求社会公平与民主价值的发展取向，也增强了政府的号召力与公众的凝聚力。

相对于私营部门的绩效评估，公共政府的绩效评估有其自身的特性。首先，绩效不是公共政府追求的唯一目标，甚至也不是主要目标。美国行政学家英格拉姆这样说：有许多理由说明为什么政府部门不同于私营部门，最重要的一条是对许多公共组织来说，效率不是所追求的唯一目的。其次，公共部门绩效通常很难进行精确的测量和评估，需要综合采用多种评估方法。最后，掌握准确的信息是对绩效进行正确评估的重要前提，但在公共政府绩效评估的过程中，存在严重的信息不对称问题。外部评估客观性强，但因为依赖被评估者提供评估信息，其评估结论有时会偏离实际情况；内部评估信息充分、真实，但由于利益关系，其评估结果通常出现好于客观实际的现象，而把两者结合起来则认为是一种切实可行的方法。对于政府绩效评估，评估对象的直管领导、行政相对人可以充当绩效评估主体，评估对象自身由于其信息优势，有时是可以担任评估主体的，至少就评估成本和评估信息而言，自我评估还是有特定优势的。此外，特殊第三方评估主体也是必不可少的，发达国家经常依靠独立于政府之外的专门机构进行评估。如英国的审计委员会、美国的审计总署及一些高校中的科研机构，都是绩效评估的主力军。

第三章　国内食品安全监管体系现状

第一节　基于供应链的食品安全分析

对于供应链，马士华教授给出的概念是“供应链是围绕核心企业，通过对信息流、物流、资金流的控制，从采购原材料开始，制成中间产品和最终产品，最后由销售网络把产品送到消费者手中的将供应商、制造商、分销商、零售商和最终用户连成一个整体的功能网链结构模式”。供应链具有如下特点：供应链是一个网链关系结构模式；供应链具有从生产者到最后消费者的网链整体性；围绕核心企业建立；物流链的增值性；物流过程企业是合作关系。

食品供应链由不同的环节和组织载体构成：产前种子、饲料等生产资料的供应环节（种子、饲料供应商）；产中种养业生产环节（农户或生产企业）；产后分级、包装、加工、储运、销售等环节；消费者环节。这种结构在国外被称为“从种子到食品”，在我国习惯上被称为“从农田到餐桌”。

在2004年颁布的《国务院关于进一步加强食品安全工作的决定》中，指出了农产品和食品两个概念。农产品是指种植业、养殖业产品；食品是指经过加工、制作的产品。现阶段“农产品”与“食品”两个概念的划分应归于环节的划分，农产品应侧重于生产环节，即来源于农业生产活动的植物、动物、微生物及其产品。按照产业类别来分，农产品属于第一产业的产品。而食品应重在强调“经过加工制作的过程”，属于第二产业的产品，可定义为“以农产品为原料、由工业化过程生产、改变了原料产品基本理化性质、可供人类直接或间接食用或饮用的产品”。在食品安全的探讨领域，大家常说的农产品多指食用农产品，包括鲜活农产品及其直接加工品。基于此，食品供应链也不同于农产品供应链。农产品供应链始于农业生产资料的供应商，止于农产品（含加工制成品）的最终用户。在本书的研究中，食品既包括未经工业加工的食用农产品，也包括经过加工制作的产品，当然“食品供应链”也包含了“食用农产品供应链”的内容。

我国食品供应链从实际操作环节上基本划分为原料采购、运输、生产、包装、储藏、配送、销售等环节，信息的传递和共享在过程中起到至关重要的作用。作为生产和管理对象的食品具有以下特点：易腐易损性；农产品自然生长周期导致季节性与不稳定性；地域分布广，生产分散；单位产品价值低，体积大；最初产品形状、规格、质量参差不齐；原材料的质量对生鲜产品最终的加工产品质量有较大影响；消费者非常关注产品和生产方法。基于这些特点，食品供应链各环节与食品安全有着密切的关系，其具体体现如下所述。

一、原材料采购与安全

食品原材料采购是食品安全的第一个环节，也是目前管理最混乱的一个环节，要保证“从农田到餐桌”的食品安全，首先必须保证食品原材料的安全，以确保食品安全。据农业部有关研究报告，作为食品主要原料的农产品，其质量安全水平若按欧美等发达国家和地区标准衡量合格率仅为30%左右，主要蔬菜、水果、茶叶、畜产品、水产品质量抽检合格率仅为70%左右，有近1/3的产品不符合强制性国家标准要求。有毒有害的农产品（如毒大米、有毒食用油等）及因食用有毒有害物质超标的农产品引发的中毒事件在国内新闻媒体上时常曝光；农产品生产中的源头污染问题比较突出，因农药、兽药的滥用造成食物中农兽药残留问题严重。正是由于原料采购与食品质量安全问题关系紧密，我国相继出台了《中华人民共和国农业法》《农药管理条例》《兽药管理条例》《饲料及饲料添加剂管理条例》等法律法规以此来确保食品原料环节的质量安全。

二、食品运输与安全

运输是食品物流的关键环节，它可以克服空间上的限制，将食品从一个地方运到另一个地方。由于我国目前运输管理不完善，运输工具条件落后，运输途中安全隐患较多。据统计，我国粮食产后流通损失占总产量的12%～15%，果蔬损失率达到25%～32%，蛋腐蚀率达到5%，肉干耗变质率达到3%。目前国内关于食品运输与食品质量安全的法律法规主要有《流通领域食品安全管理办法》等。

三、食品生产与安全

食品生产是指对食品原料进行深加工，获得所需要的产品；食品生产环节是食品物流出现安全问题较多的环节之一。我国食品企业生产中的安全问题主要发生在中小规模企业，这些企业存在着众多问题：管理不完善、生产混乱、添加剂乱用、卫生质量差、环境标准不达标等。因食品生产过程中的上述问题而导致的食物中毒事件屡见不鲜：2004年安徽阜阳劣质奶粉事件、2005年苏丹红事件，2013年镉大米事件、2015年僵尸肉事件等均是由于生产加工过程产生问题而最终引发了社会悲剧。国内关于食品生产加工方面的法律法规主要有《食品生产加工企业质量安全监督管理办法》《中华人民共和国农产品质量安全法》《食品卫生法》等。

四、食品包装与安全

食品包装是食品生产的最后一个环节，也是食品进入流通领域的首要环节。食品包装方面出现的安全问题主要有：①包装材料的安全性。直接接触食品的包装材料如纸、塑料、金属等不能带有任何污染物，通过在金属罐内涂层印刷，在塑料薄膜内添加复合层等能减少如上包装材料对于食品的污染，但包装材料印刷所使用的油墨中都不可避免地含有苯等有害物质，这些将会成为食品质量安全的隐患。②食品包装管理不完善。一些企业的产品包装上无生产日期，包装方式与包装标签不符合规定等。国内针对食品包装问题的相关标准有《食品接触材料及制品通用安全要求》《食品接触材料及制品用添加剂使用标准》等。

五、食品储藏与安全

食品储藏是对食品进行保存，防止其腐败变质，并起到调节市场供需的一个重要环节。食品储藏是供应商、生产商、批发商和销售商都面临的一个难题；原因在于储藏的本意是用于调节产品供需，但食品的储藏有其特殊性，食品大多易腐烂，储藏过程中容易变质腐败，从而威胁食品质量安全；供应链各参与方不得不付出较高的成本来确保食品的质量安全。尽管如此，食品储藏过程中产品变质腐败而造成的食物中毒现象时有发生。国内关于食品储藏方面的法律法规主要有《流通领域食品安全管理办法》。

六、食品配送与安全

食品配送是食品企业或配送公司在规定的时间内按照规定的要求将食品送到规定的地点。我国的食品配送起步较晚，因运行不完善导致配送过程中存在许多安全隐患。例如，在配送过程中配送公司为了减少配送次数，将不同种类、不同风味的食品混放在一起，极易引起食品的交叉污染。《流通领域食品安全管理办法》中对食品配送及食品质量安全的问题做了明文规定。

七、食品销售与安全

食品销售是为方便消费者，主要是以超市、批发市场、便利店等形式进行的食品买卖活动。食品销售是离消费者最近的一个环节，也是最容易发生安全问题的环节之一。食品销售主体的多元性、手段的多样性等因素，导致销售环节安全隐患较多。2006 年 7 月发生于西安某超市的“过期水果”事件、“霉变水果”事件均是由超市食品销售终端卫生管理不善所致。为确保食品销售环节的质量安全，国内相关立法主要有《食品卫生法》等。

第二节　食品安全监管组织体系

在 2015 年新的《食品安全法》实施之前，我国食品安全监管体制是“统一协调与分段监管相结合”，本质上仍旧是分段监管的方式。这种分段式监管体制中各监管机构及相应职能与食品供应链各环节有着根本性的联系，其概念结构如图 3-1 所示。

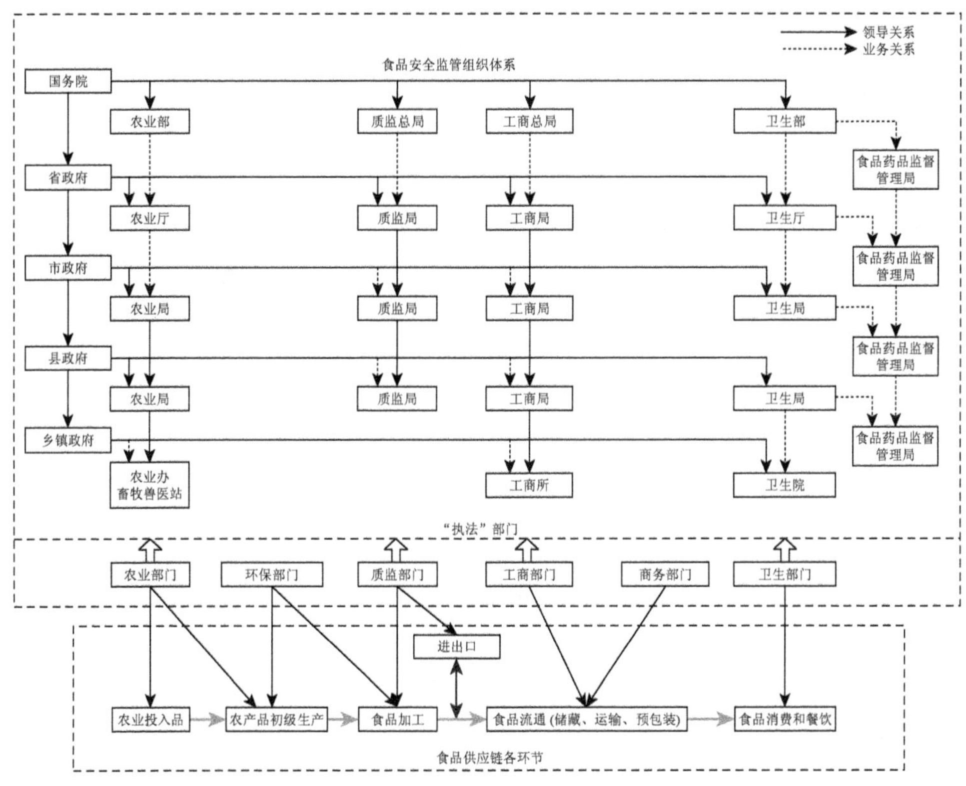

图 3-1　基于食品供应链的食品安全监管组织概念结构

从横向看，与食品安全相关的管理部门很多，实际主要参与对食品生产经营企业的日常监督控制、执行相关法律的部门有农业、环保、质监、工商、卫生部门等。在国家层面，农业部负责农产品生产环节的监督；国家质量监督检验检疫总局（以下简称国家质检总局）负责食品生产加工环节和进出口食品安全的监管；国家工商行政管理总局（以下简称国家工商总局）负责食品流通环节的安全监管；食品药品监督管理局负责餐饮业、食堂等消费环节食品的安全监督；卫生部承担食品安全综合协调、组织查处食品安全重大事故的责任。食品药品监督管理局没有食品安全的执法队伍，2009 年《食品安全法》颁布以后，对于在卫生系统进行食品卫生执法的卫生监督队伍的整合是地方政府改革的重要方面。

对于食品生产经营企业来说，首先由食品药品监督管理局或工商局发放食品流通许可证。若是特殊食品还需遵循行业管理办法，领取主管部门发放的登记证和生产许可证，之后向工商部门领取营业执照。根据质监系统推出的市场准入制度，食品生产经营企业必须具备国家质检总局提出的生产条件，并实行出厂强制性检验。农业部则实行无公害农产品、绿色食品、有机食品认证，并根据农产品不同的特点，推行产品分级包装上市和产地标志制度。依据“谁发证谁管理”的原则，食品生产经营企业需同时接受工商部门、行业主管部门、卫生部门、质监部门的监管。卫生部门检查许可证、卫生标准、生产环境；行业主管部门管理行业规范；工商部门管理违规经营；质监部门检查质量标准。在实施食品质量抽检方面，四家监测机构均有权依据法律的规定，独自实施或者委托食品监测机构进行食品质量的抽检；在信息公布方面，四个行政部门各自公布食品质量抽检的结果；在违法行为的行政处罚方面，对同一违法行为，四家执法队伍都能分别根据《食品安全法》、《产品质量法》、《中华人民共和国消费者权益保护法》（以下简称《消费者权益保护法》）和《中华人民共和国农产品质量安全法》（以下简称《农产品质量安全法》）等给予行政处罚。

从纵向看，食品安全监管从国务院、省政府、市政府、县政府、乡镇政府均设有行政机构，其中只有农业部门和工商部门设到乡镇一级，卫生监督部门在乡镇一级的相关工作主要由卫生院临时承担。工商和质监都实行省以下垂直管理，而农业和卫生则仍以属地管理为主。从基层的监管机构设置来看，农业部门和卫生部门在乡镇一级的工作重心并不在食品安全监管上，从而形成了倒金字塔式的监管机构。

2015 年 10 月 1 日，新修订的《食品安全法》开始实施，食品安全监管由过去分段监管改为食品药品监督管理部门统一监管，健全了从中央到地方直至基层的食品药品安全监管体制，进一步明确食品药品监督管理部门与相关部门的职责分工，增强了食品安全监管的科学性和有效性。监管主体进一步集中，形成以农业、食品药品为监管主体，国家卫计委为科技支撑，国务院食品安全委员会为综合协调的两段式监管新格局，如图 3-2 所示。

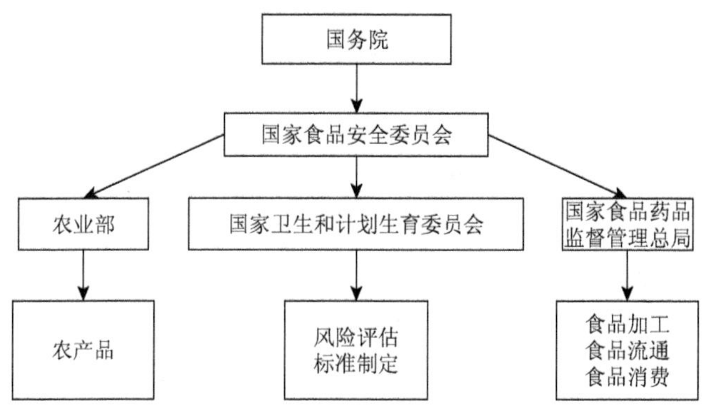

图 3-2　国家层面监管组织机构

第三节　国内食品安全监管制度

一、食品安全市场准入制度

市场准入是指货物、劳务与资本进入市场程度的许可。对于产品的市场准入，一般的理解是市场的主体（产品的生产者与销售者）和客体（产品）进入市场程度的许可。食品质量安全市场准入制度则是为保证食品的质量安全，具备规定条件的生产者才允许进行生产经营活动、具备规定条件的食品才允许生产销售的监管制度。实行食品安全市场准入制度是一种政府行为，一项行政许可制度。

我国食品质量安全市场制度包括 3 项具体制度：①对食品生产企业实施生产许可证制度。对于具备基本生产条件、能够保证食品质量安全的企业，发放食品生产许可证，准予生产获证范围内的产品；未取得食品生产许可证的企业不准生产食品。②对企业生产的食品实施强制检验制度。未经检验或经检验不合格的产品不准出厂销售。对于不具备自检条件的生产企业强令实行委托检验。③对实施食品生产许可证的产品实行市场准入标志制度。对于检验合格的食品要加印（贴）市场准入标志——食品生产许可（quality standard，QS）标志，没有加贴 QS 标志的食品不准进入市场销售。这种制度便于广大消费者识别和监督及有关行政执法部门监督检查；同时，也有利于促进生产企业提高对食品质量安全的责任感。

2015 年开始实施的《食品安全法》对食品生产经营许可做了新规定，第三十五条规定："国家对食品生产经营实行许可制度。从事食品生产、食品销售、餐饮服务，应当依法取得许可。但是，销售食用农产品，不需要取得许可。"2015 年开始实施的《食品生产许可管理办法》第四条规定："食品生产许可实行一企一证原则，即同一个食品生产者从事食品生产活动，应当取得一个食品生产许可证。"2015 年开始实施的《食品经营许可管理办法》第二条规定："在中华人民共和国境内，从事食品销售和餐饮服务活动，应当依法取得食品经营许可"，同时该办法

第四条规定:“食品经营许可实行一地一证原则，即食品经营者在一个经营场所从事食品经营活动，应当取得一个食品经营许可证。”根据此规定，食品生产许可证、食品流通许可证和餐饮服务许可证 3 类许可证可不重复取得。

依据《加强食品质量安全监督管理工作实施意见》的规定：“凡在中华人民共和国境内从事食品生产加工的公民、法人或其他组织（以下简称企业），必须具备保证食品质量的必备条件，按规定程序获得《食品生产许可证》，生产加工的食品必须检验合格并加贴（印）食品市场准入标志后，方可出厂销售。进出口食品的管理按照国家有关进出口商品监督管理规定执行。”同时规定国家质检总局负责制定《食品质量安全监督管理重点产品目录》，国家质检总局对纳入《食品质量安全监督管理重点产品目录》的食品实施食品质量安全市场准入制度。按照上述规定，食品质量安全市场准入制度的适用范围是：适用地域是中华人民共和国境内；适用主体是一切从事食品生产加工并且其产品在国内销售的公民、法人或者其他组织；适用产品是列入国家质检总局公布的《食品质量安全监督管理重点产品目录》且在国内生产和销售的食品；进出口食品按照国家有关进出口商品监督管理规定办理。

二、食品安全认证认可制度

安全认证食品是指遵循可持续发展原则，在特定的环境中，按照特定方式生产、加工，达到一定安全卫生标准，经专门机构认证，许可使用相应产品标志的无污染、安全、优质、营养类产品[76]。

安全认证食品有如下显著特征：①产地环境无污染。要求产地环境和周边环境中不能存在污染源，保证产地环境中大气、水和土壤的洁净。②生产过程达到无公害化。生产过程中应使用无公害的生产技术，控制、减少甚至完全不使用化肥、农药等人工合成化学物质，从而有效防止生产过程对环境的污染。③产品质量确保安全。无公害食品、绿色食品及有机食品实行从农田到餐桌的全程质量控制，确保产品无污染。④通过专门机构的认证。安全认证食品是通过专门机构认证并取得相应产品使用标志的产品。无公害食品是安全认证食品的初级层次，绿色食品是安全认证食品的中级层次，有机食品是安全认证食品的高级层次。国内安全认证食品的发展经历了无公害食品发展阶段、绿色食品发展阶段[77]。

目前，中国统一管理、运作规范的食品认证许可体系基本建立。中国国家认证认可监督管理委员会（以下简称国家认监委）是统一管理、监督和综合协调全国认证认可工作的主管机构。认证的类别包括饲料产品认证、良好农业规范（Good Agricultural Practices，GAP）认证、无公害农产品认证、有机产品认证、食品质量认证、危害分析与关键控制点体系（hazard analysis and critical point，HACCP）管理体系认证、绿色市场认证等。其中，无公害农产品认证主要包括产地认证和产品认证，前者由省级农业主管部门负责实施，后者由农业部农产品质量安全中心负责实施。对无公害农产品，国家认监委监管内容包括：伪造、变造、盗用、冒用、转让无公害农产品标志，超出认证证书允许范围使用无公害农产品标志等违规违法行为。绿色食品的认证，主要由农业部所属中国绿色食品发展中心及该中心在各省建立的分支机构负责，已建立了企业年检、产品抽检、市场监察、产品公告等基本监管制度。而有机食品认证工作开始于1994年，由中绿华夏有机食品认证中心负责。对绿色、有机食品认证的监管，国家认监委通过组织质监系统，对认证机构、获证企业、获证产品、认证标识等方面开展监督检查。对认证机构依法报告获证企业及产品存在质量安全情况的，依据相关法律规定进行相应处理；在调查食品安全事故中，除了依法查明事故单位的责任，还应当查明负有监督管理和认证职责的监督管理部门，认证机构的工作人员的失职、渎职情况。

三、食品安全召回制度

《食品安全法》第六十三条规定："国家建立食品召回制度。食品生产者发现其生产的食品不符合食品安全标准或者有证据证明可能危害人体健康的，应当立即停止生产，召回已经上市销售的食品，通知相关生产经营者和消费者，并记录召回和通知情况。"食品生产者是召回义务的主要主体，食品经营者是召回义务的协同主体；召回的客体是不符合食品安全标准的食品[78]。召回方式包括企业的主动召回和政府强制召回，主动召回不仅是企业的自律行为，更是企业履行法定义务的行为，强制召回是法定召回义务的一种方式[79]。

《食品安全法》明确了政府在食品召回方面的责任，由于各种原因，企业在发现问题之后，可能不会自觉召回，在这种情况下，政府有责任运用行政命令的方式责令企业召回，避免缺陷食品流入市场；收回已经流入市场的产品，防止损害的发生或者进一步扩大化，以维护消费者的利益[80]。

食品标签制度是国外发达国家在食品安全管理中的重要经验，与食品召回制度紧密相连。我国关于食品标签的规定仅限于食品企业所生产的预包装食品，而在我国市场上数量较多的个体户，他们所生产或加工的食品通常都没有标签。这部分食品如果存在安全隐患或引发食品安全事故，对相应食品追溯的可能性很小，且难度较大，很难有确实的依据证明是哪个环节产生的问题，从而导致责任不明，出现监管的盲区[81]。

食品标签制度的本质目的在于实现食品的可追溯。餐桌上的食品不合格，通过标签制度，根据食品供应链各环节相应标识信息，可以一直追溯到田头。这样一个带有标签式环环相扣的管理，借鉴了国外的相关经验。每一个环节出现问题，都可以通过食品标签制度查到问题的出处，这为具体的问责提供了依据和便利，也能更好地约束食品生产加工的每一个环节。

四、食品安全信息统一公布制度

《食品安全法》第一百一十八条提出国家建立统一的食品安全信息平台，实行食品安全信息统一公布制度。国家食品安全总体情况、食品安全风险警示信息、重大食品安全事故及其调查处理信息和国务院确定需要统一公布的其他信息由国务院食品药品监督管理部门统一公布。食品安全风险警示信息和重大食品安全事故及其调查处理信息的影响限于特定区域的，也可以由有关省、自治区、直辖市人民政府食品药品监督管理部门公布。未经授权不得发布上述信息。《食品安全法实施条例》第二条提出了各部门食品安全信息共享和协作的要求，建立健全食品安全监督管理部门的协调配合机制，整合、完善食品安全信息网络，实现食品安全信息和食品检验机构等技术资源的共享。

根据规定，食品安全信息统一公布的范围包括国家食品安全总体情况；食品安全风险评估信息和食品安全风险警示信息、重大食品安全事故及其处理信息；其他重要的食品安全信息和国务院确定的需要统一公布的信息。第一条、第二条规定的信息，其影响限于特定区域的，也可以由有关省、自治区、直辖市人民政府卫生行政部门公布。县级以上农业行政、质量监督、工商行政管理、食品药品监督管理部门依据各自职责公布食品安全日常监督管理信息。

为规范和指导食品安全信息统一公布工作，《食品安全法》确立了信息公布的机制。第一，与公众日常生活及食品生产经营关系密切，且影响范围大、力度强、涉及面广的信息，为保证食品安全信息的规范性和严肃性，由卫生部统一公布。第二，如果上述食品安全信息影响仅限于特定区域的，也可以由有关省、自治区、直辖市人民政府卫生行政部门公布。第三，食品安全日常监督管理信息，如批准、变更、吊销有关食品生产经营者行政许可的情况，对食品生产经营者进行现场检查、抽样检验的结果，对违法生产经营者的查处情况等，由县级以上农业行政、质监、工商、食品药品监督管理部门依据各自职责公布。

国家工商总局颁布实施的《流通环节食品安全监督管理办法》规定，县级及其以上地方工商机关可以向社会公布下列食品安全日常监督管理信息，即依照《食品安全法》实施行政许可的情况；责令停止经营的食品、食品添加剂、食品相关产品的名录；查处食品经营者违法行为的情况；专项检查整治工作情况；法律、行政法规规定的其他食品安全日常监督管理信息。食品安全日常监管信息涉及其他食品安全监管部门职责的，应当联合公布。

为防止虚假、延迟或错误信息的蔓延，给公众造成疑虑和恐慌，《食品安全法》规定，食品安全监管部门公布信息，应当做到准确、及时、客观。《食品安全法实施条例》进一步规定，公布信息时还应当对有关食品可能产生的危害进行解释、说明，如信息来源、依据等。

五、食品安全信用制度

食品安全信用体系是在一定范围内为形成和维护良好的食品安全信用秩序，由一系列与之有关的相互联系、相互促进、相互影响的法律法规、规则、制度规范、组织形式等构成，政府是食品安全信用体系构建的“第一推动力”[82]。2004 年 4 月，国家食品药品监督管理局会同公安部、农业部、商务部、卫生部、国家工商总局、国家质检总局和海关总署联合下发指导意见，明确了食品安全信用体系建设是以培养食品生产经营企业守规践诺为核心，通过相应的制度规范、运行系统、运行机制的建设和信用活动的开展，实现褒奖守信、惩戒失信，从而全面提高我国的食品安全水平。

2015 年新修订的《食品安全法》第一百一十三条、第一百一十四条对食品安全信用档案制度进行了规定，《食品安全法实施条例》第三十三条也明确了应记入食品生产经营者食品安全信用档案的情况，从法制层面对食品安全信用体系的构建进行规制。

食品安全信用体系的构建是一项庞大、复杂的社会系统工程，其构建内容主要包括如下方面：一是信用监管体制的构建。食品安全综合监管部门会同有关部门对食品安全信用体系建设框架进行总体设计，政府其他部门依照法定职责对食品安全信用体系建设进行指导和管理，行业协会对其会员的食品安全信用体系建设进行行业指导和服务，食品企业加强企业内部信用体系建设，消费者对食品安全信用体系建设进行社会监督。应合理配置食品安全信用体系各类主体的权利、义务及责任，监管主体应当包括国家权利、社会权利和个人权利三个层面，监管对象包括政府与企业两个层次。二是构建食品安全信用标准制度。食品安全信用标准是食品安全信息征集、评价和披露工作的基础。三是构建食品安全信用信息征集制度。食品安全信用信息征集是食品安全信用体系运行的基础，具体包括征集主体、征集内容、征集原则、征集来源、征集程序和征集提供要求等，其状况直接影响着食品安全信用的评价、披露及监管。四是构建食品安全信用评价制度。食品安全信用评价制度包括食品安全信用评价机构的选择、评价指标的确定、评价等级的划分、评价方法的确定和评价结果的产生等。五是构建食品安全信用披露制度。明确食品安全信用信息的披露主体、披露原则、披露程度、披露渠道等制度。六是构建食品安全信用奖惩制度。根据信用等级状况，积极推进监管部门在各自监管职责内食品生产经营企业实行分类监管。对长期守法诚信企业要给予宣传、支持和表彰，对严重失信的企业实行重点监管，可采用信用提示、警示、公示，限期召回商品，取消市场准入及其他行政处罚方式进行惩戒，构成犯罪的，依法追究其刑事责任。

六、食品安全行政问责制度

食品安全行政问责制度是特定的问责主体依照法定程序对食品安全监管部门及其公务人员在履行监管职责时，由于故意或者过失，不履行或未正确履行法定职责，要其承担各种责任的制度[83]。《食品安全法》无疑是食品安全领域关于监管问责制度最直接的法律渊源，它对于食品安全监管的问责进行了详细的规定，该法的第七章食品安全事故处置、第八章监督管理及第九章法律责任都做了相当系统的规定。《食品安全法》第一百四十二条至一百四十五条中，对于县级以上地方人民政府以及县级以上人民政府食品药品监督管理、卫生行政、质量监督、农业行政等部门在食品安全监督管理中的法律责任进行了规定。

由于食品安全监管的特性，其问责对象涉及农业、卫生、工商、质监等多个食品安全监管部门及其工作人员。相较其他的行政监管领域，食品安全监管行政问责涉及的部门最多。同时，食品监管中具体从事检验检测等技术工作的人员，严格意义来说不属于食品安全监管的执法者和公务员，但他们在食品安全监管中的责任同样不可忽视。因此，《食品安全法》第一百三十八条专门规定，食品检验机构、食品检验人员出具虚假检验报告的，由授予其资质的主管部门或者机构撤销该食品检验机构的检验资质，没收所收取的检验费用并依法处以罚款；依法对食品检验机构直接负责的主管人员和食品检验人员给予撤职或者开除处分；导致发生重大食品安全事故的，对直接负责的主管人员和食品检验人员给予开除处分。

食品安全监管行政问责的范围则要根据食品安全事故，针对各个行政部门在食品安全监管中所履行岗位职责的不同，对这些关键岗位上人员的不作为、乱作为，以及推诿扯皮、故意拖延、决策失误等履职不力的现象，追究直接、间接工作人员、公务人员直至领导者和有关部门的责任。

第四节　国内食品安全监管技术支撑

一、食品安全检验检测体系

食品安全检验检测是依照国家法律法规和有关标准，对食品安全问题进行识别、食品安全状况进行评价的主要手段，在食品质量安全评价、市场监管及产品贸易等方面发挥着重要的技术支撑作用。食品安全检验检测内容有：农药、兽药、渔药残留检测，有害元素检测，病菌检测，基因农产品检测，品质和营养成分检测等。检测工作是食品安全监管过程的关键环节，关系到广大消费者的身体健康、生命安全及社会稳定。

食品安全检验检测体系是由保障食品安全检验检测工作顺利进行的硬件和软件构成。硬件主要有检验检测职能机构、检测经费及检测设备，软件主要有检验检测制度资源、人员资源及信息资源等。

职能机构是食品安全检验检测工作的基础性资源，具备一定的食品安全检测技术水平，并享有相关法律法规赋予的检测职能，负责对既定食品进行质量检测和评价，对检测结果承担相应法律责任和技术责任的机构。我国的官方食品安全检验检测机构可分为 3 级：食品安全毒理学审查评价中心；设在各省的国家级食品检验检测中心；设在全国多个地市检测机构内的食品检验室和设在全国 2400 多个县的理化检验室。我国建立了一批具有资质的检验检测机构，初步形成了以“国家级检测机构为龙头，省级和部门食品检验机构为主体，市、县级食品检验机构为补充”的机构格局。检测经费是用于食品安全检验检测的专项经费，主要指政府投入检测工作的财政资源，包括检测机构的自筹经费及相关企业缴纳的检测费用等。检测设备是用于检测食品质量的技术仪器，针对不同类别的食品、不同种类的检测工作，需要使用不同的检测仪器，而这些仪器普遍价格高昂，专业技术性相对较强。制度资源包括与食品安全检验检测工作相关的法律、政策和检测标准等制度性资源，这些资源为检验检测工作提供了依据，有利于保障和推动检测工作的顺利进行。人员资源是指从事食品安全检验检测工作，依靠自己的专业知识或技能对受委托的食品安全特定事项进行检测、检验、监测、鉴定、评价，并出具相应专业意见的技术人员。这些人员的技术水平在很大程度上代表着食品安全检验检测水平。信息资源内生于检验检测工作，它是指检验检测工作中获得的检测信息，包括食品安全检测评估信息、食品检测结果、食品安全事件及食品安全总体趋势信息等。

二、食品安全监管信息技术

《食品安全法》规定国家鼓励和支持开展与食品安全有关的基础研究和应用研究，鼓励和支持食品生产经营者为提高食品安全水平采用先进技术和先进管理规范。计算机信息技术作为先进管理技术将有助于食品生产企业更好地执行《食品安全法》中有关的信息管理要求。该法对食品原辅料及食品相关产品的采购、生产、加工、包装、流通等供应链各环节规定了建立信息记录的法律要求，以便日后的追溯与召回。《食品安全法实施条例》在第三十条指出国家鼓励食品生产经营者采用先进技术手段，记录食品安全法和本条例要求记录的事项[84]。信息技术对食品安全监管的技术支撑作用体现在以下几个方面。

（1）数据管理方面。政府可以建立各种以数据库为核心的信息系统，运用数据库管理系统，建立各种相关数据库，高效率管理食品安全信息，方便相关用户快速查询相关信息，包括政策法规、安全生产技术指标、质量标准、投入品使用规范等，为用户提供信息服务和信息共享。食品供应链节点企业通过建立实验室信息管理系统，基于分布式网络技术对实验室的各种信息进行全面管理，采用B/S（浏览器/服务器）的体系结构来建立企业内的管理信息系统或企业间的协同管理信息系统，从而实现大范围的数据共享。

（2）档案管理方面。建立不同业务层面的档案管理信息系统，用于日常工作记录，如管理部门对相关企业的注册登记、信用记录、产品认证等的网上登记系统，还有养殖企业的饲料采购、出栏计划、进销去向、防疫记录等信息的管理，这些系统的开发可以为决策者或管理者提供全局性的信息服务。

（3）质量信息跟踪。对某种产品的市场状况、生产、销售、食品储藏、加工、流通、消费的各个环节进行跟踪记录，保证产品质量的可追溯性，有助于社会信誉的监管和建立。综合运用射频识别（radio frequency identification，RFID）、全球定位系统（global positioning system，GPS）、温度、湿度自动记录与控制、加密通信等技术，对食品的生产、加工、运输、储存等全程进行追踪和信息记录，在重要节点设立质量监测点对食品质量进行检测并记录检测信息，实施从食品生产基地到加工企业、物流配送中心直至最终消费地的全程监控，实现食品质量信息的可追溯。

（4）风险分析与评价。利用信息技术采用国内或国际公认的风险分析方法，建立风险评价和预警系统，提前对市场形势做出评价分析和预测，为决策部门提供决策支持，提高市场监管效率。例如，通过计算机信息技术来支持 HACCP 系统的建立与运行，根据产品加工工艺流程及待加工原料特性，利用计算机软件技术建立生产流程图表，创建危害分析表，对生产过程中关键因素进行控制。

（5）智能技术指导。基于计算机技术、食品科学、决策技术等开发各种食品安全生产相关环节的决策支持系统和专家系统，替代领域专家为相关用户提供具体的生产技术指导，保证能生产出符合安全标准的源头产品。

三、食品安全标准体系

《食品安全法实施条例》第三条规定，食品生产经营者应当依照法律、法规和食品安全标准从事生产经营活动，建立健全食品安全管理制度，采取有效管理措施，保证食品安全。

食品生产经营者对其生产经营的食品安全负责，对社会和公众负责，承担社会责任。食品安全标准主要包含以下九方面的内容：①食品相关产品中的致病性微生物、农药残留、兽药残留、重金属、污染物质及其他危害人体健康物质的限量规定；②食品添加剂的品种、使用范围、用量；③专供婴幼儿的主辅食品的营养成分要求；④对与食品安全和营养有关的标签、标识、说明书的要求；⑤与食品安全有关的质量要求；⑥食品检验方法与规程；⑦其他需要制定为食品安全标准的内容；⑧食品中所有的添加剂必须详细列出；⑨食品生产经营过程的卫生要求。

《食品安全法》出台前，食品标准化工作由国家质检总局下属的国家标准化管理委员会（以下简称国家标准委）统一管理，食品安全（卫生）国家标准由各相关部门负责草拟，由国家标准委统一计划、审核、编号和发布。国家标准委是国务院授权履行行政管理职能的主管机构。标准分为国家标准、行业标准、地方标准和企业标准。2009 年 6 月《食品安全法》实施后，中国的食品标准管理由侧重“食品卫生”向侧重“食品安全”转变，相应的食品标准管理制度也发生了变化[51]。

《食品安全法》明确规定国务院卫生行政部门应对现行的食用农产品质量安全标准、食品卫生标准、食品质量标准和有关食品的行业标准中强制执行的标准予以整合，统一公布为食品安全国家标准。如图 3-3 所示，国务院卫生行政部门主要负责制定、公布食品安全标准，国务院标准化行政部门提供国家标准编号，食品安全国家标准审评委员会（由医学、农业、食品、营养等方面的专家及国务院有关部门的代表组成）负责审查与通过食品安全国家标准。“食品安全标准”属于国家强制性标准，涉及食品及食品相关产品中危害人体健康物质的限量、食品添加剂、营养成分要求、标签或说明书的要求、卫生要求、检验方法与规程等内容。

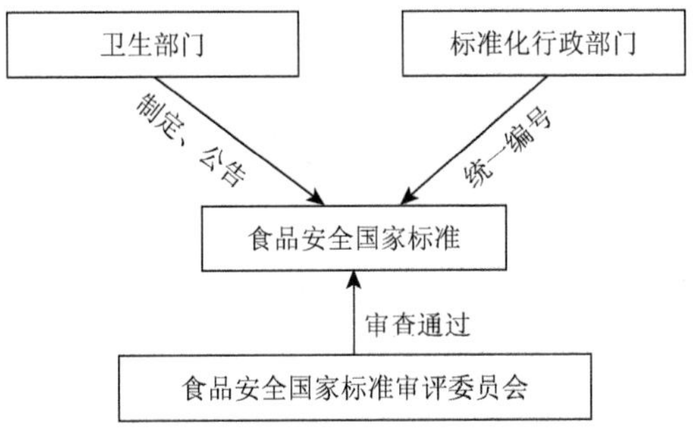

图 3-3　食品安全法规定的食品安全标准制度

四、食品安全风险监测与评估体系

食品安全风险监测是系统地收集、整理、分析和解释与食品安全相关危害因素的检验、监督和调查数据并向相关方面通报的过程[85]。风险评估是运用科学技术手段，对食品中生物性、化学性和物理性危害成分会对人体健康可能造成的影响进行的评价，以此作为制定食品安全标准或政策时参考的科学依据。建立风险评估制度，有利于预防食品安全事故，保障广大人民群众的人身健康，是国际公认的各国政府制定食品安全政策法规和标准，是解决国际食品贸易争端的重要措施。开展风险评估应当以科学为基础。一个完整的风险评估过程应当由危害识别、危害特征描述、暴露评估及风险特征描述四方面的内容所构成。食品安全预警是基于食品安全风险评估、风险监测和食品安全监督管理等信息收集，并综合分析相关信息后，对已经明确的食品安全危害进行风险管理与风险交流的过程。

《食品安全法》在第二章“食品安全风险监测和评估”中规定了开展风险监测、评估和预警的内容和要求，主要有：①国家建立食品安全风险监测制度，对食源性疾病、食品污染以及食品中的有害因素进行监测。②国家建立食品安全风险评估制度，运用科学方法，根据食品安全风险监测信息、科学数据以及有关信息，对食品、食品添加剂、食品相关产品中生物性、化学性和物理性危害因素进行风险评估。③规定了应当进行食品安全风险评估的六种情形。④国务院食品药品监督管理等部门通过食品安全风险监测或者接到举报发现食品可能存在安全隐患的，应当立即组织进行检验和食品安全风险评估。⑤食品安全风险评估结果作为制定、修订食品安全标准和对食品安全实施监督管理的科学依据。⑥国务院食品药品监督管理部门应当会同国务院有关部门，根据食品安全风险评估结果、食品安全监督管理信息，对食品安全状况进行综合分析。对经综合分析表明可能具有较高程度安全风险的食品，国务院食品药品监督管理部门应当及时提出食品安全风险警示，并向社会公布。

第五节　国内食品安全监管环境

一、行业协会的监督

行业协会是行业内企业及其他经济组织自愿组成的自律性行业组织[86]。它作为政府与食品生产经营企业以外的“第三部门”，既是沟通政府、企业和市场的桥梁与纽带，又是社会多元利益的协调机构，也是实现行业自律、规范行业行为、开展行业服务、维护行业利益、保障公平竞争的社会组织。其功能是非政府公共行政的重要内容。食品行业协会作为本食品行业企业所构成的非营利性组织，具有社会团体性、非营利性、中介性和自律性的特点。

行业协会作为市场的重要经济主体，监管权是行业协会经济自治权的重要内容之一。行业协会的监管权主要是行业协会监督和管理成员企业的权力[87]。因此，食品安全的行业协会监管是由食品行业协会对本行业成员企业的监督和管理。这种监管权源于食品行业协会的经济自治权，能够实现自我监督和管理是食品行业协会独立于政府和企业的必然逻辑延伸。2004 年《国务院关于进一步加强食品安全工作的决定》（国发〔2004〕23 号）中明确提出，要充分发挥行业协会和中介组织的作用；2007 年国务院办公厅发布的《国务院办公厅关于加快推进行业协会商会改革和发展的若干意见》（国办发〔2007〕36 号），进一步强调行业协会加强行业自律的作用，对行业协会商会改革和发展的必要性与实施方案做出了规定；2009 年颁布的《食品安全法》明确规定食品行业协会应当加强行业自律，支持和鼓励社会团体、基层群众性自治组织及新闻媒体等社会性力量参与食品安全治理。这一系列的法律条款表明政府正致力于推进和打造食品安全多元化监管体系，引入和加强包括食品行业协会在内的社会性监管主体的重大立法意图。

食品行业协会的自律监管，是独立于政府和食品生产经营企业之外的“第三方监管”，不仅减少了政府对微观经济主体经营活动的直接干预，又能发挥行业组织在信息获取、专业技术与降低监管成本等方面的功能优势，从而有效弥补食品安全监管领域政府与市场的“双重失灵”。食品安全协会成员充分了解本行业内食品的生产技术、工艺流程、原料配方、产品品质、成本及销售管理等相关信息；了解程度高，获取成本低，具有天然的信息获取优势；食品行业协会及其会员企业对业内个别企业的假冒侵权、虚假宣传、违法经营等各种可能危及整个行业信誉，导致行业危机的食品安全问题，具有更为强烈的监管意愿和主动介入的原动力；食品行业协会对专业性和技术性较强的各种新材料、新技术、新设备、新工艺和新产品感知能力强，在食品安全信息收集、分析和披露、食品安全标准制定、检验检测、风险预警、食品安全认证、信用评估等专业领域均可发挥这种技术上的优势；食品行业协会作为食品企业自发组成的互益性组织，拥有内部成本分担机制，其行业管理成本可由会员企业分担，从而可以降低政府部门的行政监管成本；食品行业协会则在一定程度上可以打破政府监管这种地域和层级上的限制，对某一特定类型食品实行全过程的跟踪监管，可以在相当程度上弥补现有政府监管体制上的缺陷。因此，大力发展食品行业协会，发挥食品行业协会的监管优势，从而实现政府监管与行业协会监管的互动，成为我国当前具有重要理论及实际意义的思路。

二、新闻媒体的监督

舆论监督具有事实公开、传播快速、影响广泛、揭露深刻、导向明显、处置及时等特征，它虽然没有强制力，却在一个国家的政治、经济和社会生活中极具影响力。在社会主体日益增加的今天，新闻舆论监督对党和政府执政方式和行政方式的转变起到积极的作用。对公民而言，新闻舆论监督本质上是人民群众通过媒体对政府部门及社会经济生活中的违法行为进行监督，人民参与国家和社会管理的一种形式。新闻媒体在食品安全监管中的具体作用体现在以下几个方面。

（1）发现违法事件，是新闻媒体在食品监管中发挥的最重要作用之一。在查处违法事件中，新闻媒体有监管部门无法比拟的优势，其情报来源较为广泛，明显的掺假掺杂、伪造事件容易发现和曝光。在心理上，媒体能够基于食品安全违法的迹象进行怀疑，进而深入食品链工作环节进行调查，发现食品安全问题。

（2）将食品安全事件及时告知消费者，对保护消费者健康、维护消费者权益具有重要作用。而传播食品安全事件，是媒体义不容辞的责任和义务，也是监管部门无法做到的。在食品安全事件的传播上，新闻媒体不仅是单纯报道事件本身，更重要的是对事件进行客观评价，使消费者认清事件的危害性和危害程度。在对食品安全信息进行评价时，新闻媒体应与食品专家相互配合，信息的正确和科学与否，只有专业人士才能明辨真伪，正确解读。

（3）“食品安全、人人有责”的前提是消费者具备一定的食品安全知识，这些知识的普及，也只有通过媒体才能使更广大的人群受益。互联网的出现，使很多信息可以很快得到传播，但也会使一些不成熟的，甚至不正确的信息得以流传。因此在传播食品安全信息时，应注意不能把实验结果当作学术界结论来传播。

三、公众监督

公众参与是一种强调公众自我管理的新型社会管理模式，目前许多国家通过公众参与食品安全监管来克服政府监管失灵，取得了较好的效果。公众参与体现了现代社会最为重要的民主要求。食品安全关系到每一个消费者最为切身的利益，让消费者参与食品安全监管，既符合主权在民的要求，又体现了现代民主的基本精神，对食品生产企业与政府机关进行了双重监督，极大地提升了食品安全监管的力度。

我国现行《食品安全法》规定了公众参与食品安全监管的途径，主要有：可以对食品安全相关执法守法活动提出批评和建议；在食品安全监管中按规定统一公布相关信息，保证公众的知情权；各地食品安全监管机构颁发的有奖举报制度。这些分散在不同法律法规里的公众参与食品监管规定，相对于以往的食品安全监管来说，有很大进步。

目前国内公众参与食品安全监督有如下特点。

（1）公众参与监管的制度化程度低。在立法层面，《食品安全法》在第四条、第九条、第十条、第十二条和第十三条的规定体现了公众参与的理念。《食品安全法实施条例》在总则第四条宏观地规定监管部门要为公众咨询、投诉、举报提供方便，并未细化落实新公众参与理念。2010 年的《食品安全风险评估管理规定（试行）》规定成立国家食品安全风险评估专家委员会，独立进行食品安全风险评估，公众中的专家开始参与食品安全监管。在实践层面，以食品安全的有奖举报制度为例，2011 年国务院食品安全委员会下发指导意见，要求“地方各级政府要设立食品安全举报奖励专项资金”，但真正落实该制度并使之具有操作性的地方政府还是少数。可见，公众参与食品安全监管制度规定都过于概括、笼统，缺乏具体制度和操作流程，使公众参与在实际操作上流于形式。

（2）公众参与监管的组织化程度低。在我国食品安全领域，公众参与的意识不强，明显表现出“依赖政府型”，更多的是被动式、间接参与。公众参与的组织化程度非常低，通常是个体参与而非团体参与。个体参与的效果远不及以社团方式的参与，其影响力有限。目前我国参与监管的团体主要是行业协会，作为自治性、民间性的组织，行业协会既要代表企业保护其利益，又是政府监管的延伸。

（3）公众参与监管阶段的片面化。食品安全监管是一个动态的过程，根据其特点，公众参与监管的过程应该分为信息公开、公众参与和效果反馈三个阶段。从目前公众参与实践来看，公众参与食品安全监管多表现为举报、投诉、建议等方式，一般仅限于在公共决策制定过程中提出建议，缺乏参加实际行动的权利。其原因在于食品安全监管信息公开程度不够，公众参与的深度不够，效果反馈机制缺失，缺少法律约束机制。

四、食品安全教育

食品安全教育本身不具有法律的强制力和惩戒力，但教育是普及食品安全知识、提高食品安全意识的重要手段，也是加强食品生产经营者的社会公德观念、提升其信用指标的必需途径。从短期的效果来看，加大惩罚力度、提高赔偿金额会有一定的作用，但从长期来看，以整顿和振兴食品工业、重建我国食品市场秩序，特别是恢复和提高我国公众消费信心为目标的食品安全教育更有利于提高全民认知水平，提前预防食品安全问题的发生和促进食品生产、流通、消费、宣传、监管各个环节的当事人自觉遵守相关法律规定。接受食品安全教育的对象不仅包括食品生产者，还应包括食品消费者、食品安全监管者等。食品安全教育不是具体到某个人或某个部门的事情，而是需要全社会共同参与。食品安全涉及食品“从农田到餐桌”的全过程，因此在食品安全教育中，食品安全教育的参与者除了食品生产、流通、消费环节的主要当事人外，还应当包括政府食品安全监管部门、有关食品行业协会、社会团体、基层群众性自治组织和新闻媒体。从某种意义上说，全民是食品安全教育的参与者。只有全民的食品安全意识提高了，才能有效预防和减少食品安全事件的发生。

食品安全教育的内容包括食品安全专业知识和食品安全法律知识。食品安全专业知识主要是对人体健康不造成任何急性、慢性和潜在性危害的食品专业方面的基础知识；食品安全法律知识是依法生产、合法经营、合理使用食品的有关法律方面的基础知识，包括相关法律、法规和政策，以及食品生产者、经营者、消费者的权利与义务和争议解决途径等方面的知识。这两类知识不是相互对立的，在食品供应链监管的不同环节，根据食品安全教育对象的不同分别有所侧重。从受教育对象获取食品安全知识的途径来看，公众的食品安全知识具有普及性、大众化的特点，可以结合我国《食品安全法》的出台和正式实施，采用多种方式进行教育宣传，使受教育者有多样化获取教育的渠道。从食品安全教育的获取方式来看，食品安全教育的参与者有被动接受知识的一面，但为了自身的健康和安全，更多的应当是积极主动地获取食品安全知识。

第六节　政府食品安全监管体系存在的问题

一、食品安全监管体制不完善

在新的《食品安全法》实施之前，我国的食品安全监管体制是“多部门”分段监管体制，由若干部门共同负责，机构各成体系，职责交叉。按照分段监管的原则对食品进行监督管理，在省、市、县一级都设有相应的延伸机构。中央政府一级的食品安全管理工作由卫生部、农业部、商务部、国家质检总局、国家工商总局等部门共同负责，这些部门向国务院报告工作。但是，各部门从中央到地方的管理系统机构是条块结合，并不统一，卫生、农业和商务部门实行各级政府分级管理，质监部门与工商部门则属于省直属垂直管理（个别城市实行市直属管理）。我国政府在食品安全监管执法上形成多部门的管制格局，食品安全监管执法权限分属农业、商务、卫生、质监、工商、环保等部门，不同部门负责不同环节，形成了食品监管职能交叉、多头监管的现象，严重影响了行政监管的权威性和高效性。这种多机构分段监管模式使我国食品安全监管的职责不清、政出多门、相互矛盾、管理重叠和管理缺位现象突出。

在新的《食品安全法》实施之后，食品安全监管体制进一步完善。但我国的食品安全监管主体为政府的有关部门，监管模式较为单一。新时期要实现食品安全监管体制的完善、监管效率的提高，需要明确监管的主体，在政府监管的基础上增加第三方监管主体及社会监管和市场监管，通过政府、市场及社会的相互监督和配合，建立完善的食品安全监管体系。

二、食品安全监管的制度化水平较低

我国食品安全监管的制度化水平较低，主要表现在：①目前我国食品安全市场准入机制的建设还处于建立基础的阶段。《食品安全法》明确了各政府主管部门在食品安全监管中的职责，但相应的配套管理机制还未最终形成，由法规、标准、相关的规范性技术文件，以及各类监管机构、研究机构、检测机构、培训机构、商业组织等构成的食品安全市场准入的基本框架还未建立。②由于我国认证体系发展的时间较短，在认证体系的完整性和协调性、认证技术和能力、认证的普及程度及与国际接轨等方面还存在较大的差距。③缺乏完善的食品安全召回制度。我国食品安全管理部门仅要求生产者或销售者禁止销售假冒伪劣产品，缺乏可追溯性，没有一套具体切实可行的食品安全召回规范来约束企业生产不规范的行为。由于缺乏明确具体的负责食品召回工作的政府主管部门，缺乏专门负责食品召回工作的专业人员，食品召回难以制度化。④行政权力分散状况使我国在食品安全事件处理和信息建议发布方面缺乏一套互相协调、协商和统一发布口径的机制；所披露的食品安全信息过于笼统，信息质量和价值低；食品安全信息发布渠道落后；食品安全信息披露缺乏法律支持。⑤食品安全信用制度不完善，主要表现在企业信用意识不强，没有实现信用资源共享，惩罚机制不健全，缺乏法律保障。⑥食品安全行政问责存在缺少专门的行政问责法律法规、行政问责的对象众多、行政问责的主体单一、问责程序的规定不完善、缺乏完善的行政问责配套制度等行政问责中的共性问题。

三、法律法规不够健全

食品管理是政府公共管理的重要部分，目前我国在食品管理上形成了多部门管理格局，而且不同部门仅负责食品链的不同环节。职责不清、政出多门、相互矛盾、管理重叠和管理缺位现象突出。为了更好地协调各部门的食品安全管理工作，我国成立了国家食品药品监督管理局，但仍然没有从根本上解决部门职能交叉和管理活动缺乏一致性的问题。我国虽然有关于食品质量的总体性法规如《食品卫生法》、《产品质量法》、《农业法》和《中华人民共和国进出口商品检验法》，但这些法律对食品质量安全仅做了一些概要性规定，没能充分反映新形势下消费者对食品安全的要求。现有与食品安全有关的法律或法规，相互间协调和配套性差，可操作性不强。

四、食品安全监管技术比较落后

（1）我国目前已经初步建立起一套食品安全监管的检测检验体系，但由于处于起步阶段，仍然存在很多问题，最突出的问题是：食品检验检测水平不高，导致“检不了”现象；检测标准和方法的缺失，导致“检不准”现象；检测门槛高，导致“检不起”现象。

（2）食品安全预警机制缺失。突出表现在食品安全预警标准体系不全面，地方预警部门能力不足，基层部门质量预检机构严重缺乏，监测系统反应不灵敏，食品安全预警系统不健全，预警能力不强，监控流于形式，现有食品质量预检机构设备落后等。因此不能对全国的食品安全预防形势做出总体全面的科学评估。

（3）食品安全风险评估机制不完善。我国对食品安全风险评估研究不深，政府不具有独立承担食品安全监管风险的能力。食品安全风险监管仍以政府为主，缺乏预防性手段，风险评估技术差，评估能力缺乏，加上缺乏相关数据，对可能出现的风险难以及时预测。

（4）我国食品安全标准制度本身还不完善，存在一定的问题。我国食品标准时效性差，不能适应社会的快速发展；我国食品标准不够全面；食品安全标准存在严重的交叉重复现象。

五、食品安全监管环境需要改进

食品安全监管并不是独立进行的，它存在于一定的社会环境中，有利的社会环境可以促进食品安全有效的监管；相反，不利的社会环境则不能达到食品安全监管的效果。我国食品安全监管的外部环境还不够完善，还存在如下问题：①公众参与监管制度化程度低、组织化程度低、参与不够全面深入等；②我国食品行业协会发展很不充分、官僚色彩浓，没有相应的法律保障、经费及人才保障，行业协会监管作用难以发挥；③媒体的舆论监督作用没有得到有效发挥，监督层面偏低、对上监督不足，新闻报道不够专业甚至失实、反应过度，滥用隐性采访手段造成媒体信任危机；④食品安全法律法规和科学知识普及与宣传力度不够，食品安全宣传教育机构不健全，食品安全教育方式方法需创新，食品安全宣传教育针对性有待加强。

第四章　国内食品安全监管绩效影响因子

第一节　影响因子假设

食品安全监管是一项系统工程，涉及监管体制、制度、技术、环境、依据、信息等多方面，每一方面都会对食品安全监管绩效产生不同程度的影响，需要采取包括经济、行政、法律、文化、教育等多种措施。国内部分学者从不同角度和层面对国内食品安全监管的影响因素进行了研究，为本书提供了一定的思路和借鉴。

学者从多角度对影响食品安全监管绩效、能力、效果或效率的因素进行了研究。刘鹏基于历史角度的分析，从历史制度主义有关路径依赖的观点出发，结合我国食品安全监管体制几十年来的发展轨迹，总结认为，分散的监管权力配置结构、不足的监管独立性、过于依赖行政方式的监管风格及孱弱的监管基础设施建设，已经成为制约中国食品安全监管绩效提高的四大结构因素[49]。杨超峰等认为，食品安全监管资源配置方式制约着监管绩效的提升[50]，提高食品安全监管绩效，应当在加大资源投入力度的同时，提高资源的利用效率。秦利从准入制度建设能力、食品安全检验检测能力、安全认证食品发展情况、监管部门信任度四个方面构建了食品安全政府监管绩效评估体系。赖涪林和康焱认为，食品安全监管的绩效可用与强制性因素对应的绩效和与扰乱性因素对应的绩效来综合衡量。影响食品安全监管的强制性因素包括行政体系、立法体系、司法监督体系和舆论监督体系；扰乱性因素包括对上级的敷衍、地方保护主义、自身经济利益、制度漏洞和院外集团[88]。李丽和王传斌认为，影响食品安全规制效果的主要因素有：法律制度环境、规制职能分配、对违规行为的惩罚力度、行业自律性组织、食品安全标准统一性和信息披露制度[89]。李娜认为影响食品安全监管绩效的因素是政府监管规制滞后、食品安全监管的法律法规不健全、食品安全监管重叠及职能交叉、食品安全监管部门权责不明晰及责任意识淡薄、食品安全监管的制度化水平较低（食品安全管理机制不健全、食品安全监管运行缺乏长效性、食品安全预警机制缺失、食品安全风险评估机制不完善、缺乏完善的食品安全召回制度）、行业参与与消费者组织参与力度不够、监管经费投入不足[90]。胡耀臣认为，影响政府监管部门监管能力的因素为政府各种监管系统的完善程度，而各个监管系统的完善程度可用7个一级指标和22个二级指标衡量，一级指标包括：管理体制完善程度、安全检测体系完善程度、标准体系完善程度、法律法规体系的完善程度、认证体系完善程度、质量信用体系完善程度、质量信息体系的完善程度[91]。吴华认为，我国在食品安全监管实践中还存在行政体制中多头监管导致权责不清，重终端产品监管而轻全程性监管，监管法律缺失，缺乏系统性和可操作性，技术落后、标准缺失和冲突等方面的不足和缺陷，这些因素降低了我国食品安全监管的效率[92]。

有学者针对我国食品安全监管存在的问题，研究了导致这些问题产生的影响因素，为考察食品安全监管绩效的影响因子提供了重要的参考。陈岳飞认为，导致地方政府食品安全监管存在问题的主要因素有：政府监管理念偏差；法律体系不健全、监管模式落后、监督制度的不完善导致政府监管失灵；政府监管执行主体的非独立性、被监管者对监管者的俘虏导致政府监管不力[93]。张秀锦通过对郑州区域食品安全监管的研究，认为导致食品安全监管问题的因素有：食品安全监管体制尚不完善、食品安全监管法律法规不够健全、食品安全监管政策制定相对滞后、食品安全监管政策执行没有完全到位、食品企业自律及诚信意识不强、信息传播渠道不够畅通[94]。姚建明认为，导致食品安全监管问题的因素体现在食品安全法律法规及标准纷繁复杂、政出多门，实操性不强；监管机制落后，未建立起科学的食品安全风险管理体系；未建立统一的食品安全信息监控及共享平台；食品安全监管条块分割、职责不清；食品安全教育、宣传体系建设滞后；食品安全检测技术不能满足实际监管工作的需要[95]。喻晓芬从食品安全监管法律执行的角度研究认为，法律法规体系不够系统、机构职责不够明确、标准体系不够健全、检测资源短缺与浪费并存、处罚偏低及地方保护主义影响[96]等是影响食品安全监管法律执行效能的因素。李南南认为，食品安全监管的影响因素主要包括监管主体、监管环境、监管技术和监管制度等，各要素相互影响、相互制约，在合理的监管模式下运行，构成食品安全监管的运行系统；实现食品安全的高水平发展离不开各个组成要素的健全和完善，各要素良性运行才能保证整个监管体系的高效运作[97]。余鸿达认为，导致我国食品安全监管体制存在问题的原因有法制建设滞后、行政体制羁绊、社会监管缺位[98]。黄永飞认为，我国食品安全监管存在的问题有：监管主体责任意识淡薄，存在多头监管；食品安全监管制度不够完善，包括法律制度、食品安全标准制度、食品市场准入制度、食品召回制度等；食品安全监管技术比较落后，如食品安全检测体系、食品安全信息体系、HACCP 体系、食品风险检测和评估体系等；食品安全监管环境需要改进，如市场失灵问题、食品安全信用体系、社会监督体系[99]。郭晓驹认为，食品安全监管存在问题的影响因素有食品监管职能混乱、食品检测水平不高、食品监管法律法规不健全、食品信息体系建设缓慢、缺乏食品安全评价体系和食品监管执法不严[100]。张红梅认为，影响食品安全监管的因素有：食品安全监管的法律法规不完善；食品安全监管的体制不合理、制度不健全；食品安全监管追究机制不合理；食品安全监测体系不健全、检测技术落后且分布不均；地方政府受利益驱使，对监管对象打击不力[101]。郑婷婷认为，影响食品安全监管的主要因素是不合理的监管机构设置、食品安全监管理念偏差、政府经费投入不足[102]。王丹认为，我国食品安全监管体系存在问题的原因是：食品安全法律法规体系建设不完善；食品安全标准体系存在漏洞；监管机构权限界定不清；财政投入较少，资源配置不合理；违规成本低，无法起到有效的威慑作用；缺乏清晰的问责制度[103]。袁湘如通过实证分析认为，我国食品安全监管存在如下问题：食品安全监管理念落后、食品安全监管体制不合理、食品安全监管制度不完善、食品安全监管技术落后、食品安全监管环境有待优化[104]。周应恒和王二朋指出我国食品监管存在、监管缺位和监管失效的问题，究其原因在于监管体制不完善、不合理的监管机制设计和不完善的监管手段体系[105]。

从前人的研究成果来看，学者们认为食品安全监管的影响因素主要有监管机构设置、监管机构权力配置、政府监管理念、监管资源配置、监管人力投入、食品安全财政投入、检测系统协调性、检测技术水平、检测机构的分布广度、法律法规体系、标准认证体系、信用管理制度、信息披露制度、食品安全宣传和教育、消费者参与程度、食品召回制度、食品安监管激励制度、食品市场准入制度、食品安全风险监测和预警制度等方面。但学者们的研究结论都是从不同的研究角度和层面出发的，有的从公共管理角度进行研究，有的从法律的角度进行的研究，有的从产业链的角度进行研究，有的从区域监管的角度进行研究，是否都适用于国内食品安全政府监管有待于实践检验。由于本书的研究对象是国内食品安全监管，上述影响因素还不具有完全的代表性。为此，本书运用专家咨询法，于 2012 年 4 月通过网络向食品安全监管工作者、食品企业安全管理人员及科研人员三类群体中的 100 位专家广泛征求意见，利用电子邮件的方式向其咨询“您认为影响国内食品安全监管绩效的因素有哪些？”，共收到有效答复邮件 48 封，有效答复率为 48%，这对于网络调查而言是可以接受的。

从 48 位专家的回答来看，专家们对影响因素的多少和影响程度的大小都没有达成一致。列举了 6 条以下的有 12 位，列举了 7～10 条的有 26 位，列举了 10 条以上的有 10 位。结合前人的研究成果和专家们的回答，本书把国内食品安全监管绩效的影响因子归纳为 20 个指标，并对各个指标如何影响监管绩效做出如下初步假设。

1. 监管机构设置

新的《食品安全法》颁布以后，中国食品安全政府监管由“统一协调与分段监管相结合”模式向以农业、食品药品为监管主体的“两阶段监管”模式转变。在食品安全法中明确了我国食品安全的监管部门机构和层级，其中，新成立的国务院食品安全委员会级别高于国务院其他组成部门。在中国现行的行政体制下，食品安全监管涉及的环节和部门众多，监管机构设置是否合理对食品安全监管绩效有重要影响。

H_1：监管机构设置越合理，食品安全监管绩效越高。

2. 监管机构职能

在《食品安全法》第五条中明确了我国食品安全监管部门机构的职能，国务院设立食品安全委员会，其工作职责由国务院规定。国务院食品药品监督管理部门依照该法和国务院规定的职责，对食品生产经营活动实施监督管理。国务院卫生行政部门依照该法和国务院规定的职责，组织开展食品安全风险监测和风险评估，会同国务院食品药品监督管理部门制定并公布食品安全国家标准。国务院其他有关部门依照该法和国务院规定的职责，承担有关食品安全工作。

食品产业链是一个动态的进程，各流程之间紧密相连、环环相扣，有时还存在重复交叉的现象，因此食品安全监管工作最好是一体化监管，保证监管的高效，避免盲区和重复。各监管机构间如何进行科学的职能分配和资源投入，避免职能交叉、监管重复和责任不清，对食品安全监管绩效有重要影响。

H_2：监管机构职能分配越合理、科学，食品安全监管绩效越高。

3. 监管机构协调性

食品监管是一项特殊的监管活动，需要技术的支持和信息的共享，也需要执行的保障，通常需要多个部门的协调配合。尽管法律规定在国务院食品安全委员会的统一协调下开展活动，但主体之间是同级关系，能否收到良好的监管效果，监管机构间的协调性至关重要。各监管机构间有统一的协调和联动机制，才能有效地实施食品安全监管。

H_3：监管机构协调性越好，食品安全监管绩效越高。

4. 监管独立性

“监管独立性”主要包括三个层面的内容：政治独立性，即监管机构相对于政治性价值的独立性；行政独立性，即监管机构相对于行政部门中其他机构的独立性；产业独立性，即监管机构相对于作为监管对象的产业利益的独立性。在以消费者保护为目标的社会性监管领域中，鲜明的监管独立性可被视为高效优质监管的必要保障之一[106]。

H_4：监管独立性越强，食品安全监管绩效越高。

5. 监管理念

政府食品安全监管理念首先反映在监管机构对食品安全各领域的重视程度，

是否存在重药品轻食品和重城市轻农村、重出口产品轻内销产品的现象。其次，在食品安全事故的处理上是否存在地方保护主义潜规则。一些地方政府重视经济发展的“量”，把企业的利润和税收作为衡量当地经济发展水平和政府官员政绩的重要标准；忽视了对食品产业“质”的监管，食品安全事故处理存在地方保护主义，缺乏透明度、公正性。最后，监管机构是否有长期监管意识并建立起制度化的长效机制，是否存在过多的行政指令式的运动式执法。

H_5：监管理念越科学，食品安全监管绩效越高。

6. 监管资源投入

食品安全监管资源包括资金（含设备）和人力。许多地方在食品安全监管设备方面的投入较少，一些检测设备老化，未能及时更新，同时还缺少一些必备的检测设备。有些地方的抽检经费严重不足，难以及时检验食品质量的真伪。一些监管机构在设备和人力资源上的缺乏使监管执法陷入被动。

H_6：监管资源投入越多，食品安全监管绩效越高。

7. 监管资源配置

食品安全监管资源在部门间的配置是否合理，对食品安全监管绩效有重要影响。卫生、农业、质监、工商、药监、环保等相关机构在食品安全监管上有不同的职能，所需的监管资源差别较大。如果缺乏有效统筹，各部门为提高自己的监管能力，理性的选择就是尽量多争取资源，这会造成部分监管机构资源缺乏，也造成部分机构监管资源不能充分利用，使全局监管资源配置不够合理。高效的食品安全监管还需要在地域上科学分配监管资源，倒金字塔式的监管机构设置使监管资源集中在大中城市、小城镇和农村的监管力量缺乏，偏远山区的监管力量更少，形成了农村地区食品安全监管的真空。

H_7：监管资源配置越合理，利用效率越高，食品安全监管绩效越高。

8. 监管人员素质

食品安全监管工作不是单纯的行政事务，也不是单纯的技术工作，而是一项以专业理论和技术为支撑，运用国家法律、法规和各种技术标准进行的执法活动，需要一支行政经验丰富、法律法规熟悉、业务技术精通、知识结构合理的优秀人才队伍。

H_8：监管人员素质越高，知识结构越合理，食品安全监管绩效越高。

9. 检测体系

食品安全检测是食品安全监管的重要技术手段，是对食品在整个生产、加工、存储、销售过程进行质量安全控制的重要措施。我国的检验机构设置很分散，主要有产品质量检验机构、疾控系统卫生检验机构、药品检验机构、农产品检验机构等。检测机构的分布广度、检测技术水平、部门间的协调性、检测标准的统一性和检测成本的高低对食品安全监管绩效有一定影响。

H_9：检测体系越完善，食品安全监管绩效越高。

10. 法律法规体系

食品安全分段立法使数量众多的食品安全法律条款分散在各式各样的法规中，法律法规的交叉和配套不可避免，必须将这些法律法规统一起来，建立一套完备的、统一的法律体系，法律之间相互补充，协调统一。《食品安全法》对以往的食品安全法律法规做了很多修正，对食品监管的各个环节进行了完善，更符合食品安全监管的实际需要，但是相关条款过于粗线条，在面对实际监管工作时可操作性还有待实践。此外，监管机构必须维护法律法规的效力，改变依赖行政指令的监管风格，严格执法，加大执法力度。对于非法产品，依法采取查封、扣押及禁止移动、禁止销售等强制措施；而对于违法主体则应采取严格而完备的惩罚措施。因此，食品安全法律法规体系的完整性、可操作性、效力、执法力度对食品安全监管绩效有一定的影响。

H_{10}：法律法规体系越完善，食品安全监管绩效越高。

11. 标准认证体系

我国食品标准体系由国家标准、行业标准、地方标准、企业标准等 4 级构成，这些标准的完整性、协调性及时效性对食品安全监管绩效有一定的影响。同时“QS”认证实施程度、HACCP 认证实施程度、无公害农产品认证的实施程度、绿色食品认证的实施程度和有机食品认证的实施程度也对食品安全监管绩效有一定的影响。

H_{11}：标准认证体系越完善，食品安全监管绩效越高。

12. 信用体系

食品安全问题之所以产生，根本原因在于信用问题的出现。要做好食品安全监管工作，必须做好食品安全的信用体系建设。信用体系下信用信息越准确、评价方法越科学、信息披露程度越高，越有利于食品安全的监管。

H_{12}：信用体系越完善，食品安全监管绩效越高。

13. 食品信息管理体系

解决好食品安全问题，关键是消除食品生产者和消费者之间的信息不对称问题，完善食品安全信息管理体制和食品安全管理信息系统。食品安全信息的共享程度、食品安全信息的披露对食品安全监管绩效有一定的影响。

H_{13}：食品信息管理体系越完善，信息资源的共享程度越高，质量信息披露程度越大，食品安全监管绩效越高。

14. 宣传教育

加强食品安全法律法规和科学知识的宣传和教育，对安全领域的重点消费者进行指导，提高社会公众的食品安全意识和预防风险的能力，通过风险教育使政府相助与公民自助结合起来，让公民有能力主动承担起自己身体健康和饮食安全的责任。通过食品安全宣传教育，进一步强化了食品生产经营者的诚信守法经营意识和质量安全管理水平，增强了食品安全监管人员的责任意识和执法能力，营造人人关心、人人维护食品安全的良好氛围。可见，食品安全宣传教育对于提高食品安全监管有一定的影响。

H_{14}：宣传教育越完善，食品安全监管绩效越高。

15. 消费者监督

与食品安全相关的主体很多，其中消费者与食品安全利益关系最大，食品安全监督的动力最强，是监督过程不可缺少的主体之一。消费者有权利要求食用安全放心的食品，有权利了解食品的相关信息，参与食品的安全监管过程并监督依法行政。食品安全监管机构应当发挥消费者对食品安全的监督作用，建立消费者参与食品安全监管的常态机制，使消费者有渠道参与食品安全的监管过程中。

H_{15}：消费者监督参与程度越高，食品安全监管绩效越高。

16. 中间组织监督

食品安全监管中间组织包括行业协会、食品安全研究机构等，可以充分发挥其对食品安全监管的推动作用。行业协会作为民间管理和民间自制组织，其成员身处行业中间，对食品安全较政府和消费者拥有更多的信息，可以更好地解决食品安全信息不对称问题。研究机构可以发挥其在食品安全方面的专业研究特长，以此推动食品安全工作的不断深入和完善。

H_{16}：行业协会等中间组织监督参与程度越高，食品安全监管绩效越高。

17. 食品召回制度

食品召回制度的客体是离开生产线、进入流通领域的缺陷产品，这一制度是缺陷食品对社会造成重大危害前的预防措施。食品召回制度所关注的焦点是市场上流通销售的最终消费品，由食品的生产商、进口商和经销商共同承担此风险。

从国外食品召回制度的经验来看，其食品质量监控的操作性强、实施效果好、社会成本低。可见，建立不合格食品召回制度对我国政府食品安全监管工作会有极大的促进作用。

H_{17}：食品召回制度越完善，食品安全监管绩效越高。

18. 行政问责制度

行政问责制度是一种监督和制约机制，通过问责，行政权得到净化。行政问责是行政人员有义务就与其工作职责有关的工作绩效及社会效果接受责任授权人的质询并承担相应的处理结果[106]。食品安全监管人员的作为或不作为，负责与不负责成为是否履行职责、履行好否的考查指标。行政的乱作为、不作为，恰是背弃行政职能的作为，是导致国内食品安全监管问题的原因之一。食品安全监管行政问责的完善与否，直接关系到作为负有行政职权的政府部门及其公务人员能否正确履行职责、能否正确地看待被赋予的权利和义务，直接关系到我国食品安全能否健康、可持续性的发展。

H_{18}：行政问责制度越完善，食品安全监管效率越高。

19. 市场准入制度

关于食品安全的市场准入制度已经得到发达国家的普遍认可，是一种事前的激励检查制度，可为食品安全起到很好的预防作用。食品质量安全市场准入制度主要包括三项具体制度：对食品生产企业实施生产许可证制度、对企业生产的食品实施强制检验制度、对实施食品生产许可制度的产品实行市场准入标志制度。我国应该进一步完善市场准入制度的监管工作，建立长效的机制，进而保证市场准入制度能更加有效地为食品安全服务。

H_{19}：市场准入制度越完善，食品安全监管绩效越高。

20. 监测和预警

国家食品安全风险评估中心已在 2011 年成立，其主要开展食品安全风险评估基础性工作；风险监测、评估和预警相关科学研究工作；研究分析食品安全风险趋势和规律，向有关部门提出风险预警建议。评估中心将向国家食品安全风险评估专家委员会提交风险评估分析结果，经其确认后形成评估报告报原卫生部，再由原卫生部依法统一向社会发布。食品安全监测和预警体系的完善，有利于消除食品安全信息不对称，在事故预防、事故控制中起到重要作用，对食品安全监管绩效的提高有重要作用。

H_{20}：监测和预警体系越完善，食品安全监管绩效越高。

国内食品安全监管绩效的影响因子及其假设见表 4-1。

表 4-1 国内食品安全监管绩效的影响因子及其假设

影响因子	影响因子释义及其假设
监管机构设置	监管机构层级和结构设置的合理性；监管机构设置越合理，食品安全监管绩效越高（H_1）
监管机构职能	监管机构权力职能的合理性；监管机构职能分配越合理、科学，食品安全监管绩效越高（H_2）
监管机构协调性	监管机构间食品安全监管工作的协调性；监管机构协调性越好，食品安全监管绩效越高（H_3）
监管独立性	食品安全监管的政治、行政及产业独立性；监管独立性越强，食品安全监管绩效越高（H_4）
监管理念	监管理念的科学性；监管理念越科学，食品安全监管绩效越高（H_5）
监管资源投入	食品安全监管资金（含设备）和人力投入；监管资源投入越多，食品安全监管绩效越高（H_6）
监管资源配置	食品安全监管资源在部门间、区域间的配置；监管资源配置越合理，利用效率越高，食品安全监管绩效越高（H_7）
监管人员素质	监管人员的专业素养和知识结构；监管人员素质越高，知识结构越合理食品安全监管效率越高（H_8）
检测体系	检测机构、技术、协同性、检测成本等的完善程度；检测体系越完善，食品安全监管绩效越高（H_9）
法律法规体系	法律法规的完整性、可操作性、效力和执法力度；法律法规体系越完善，食品安全监管绩效越高（H_{10}）
标准认证体系	食品安全标准认证体系的完善程度；标准认证体系越完善，食品安全监管绩效越高（H_{11}）
信用体系	食品安全信用体系的完善程度；信用体系越完善，食品安全监管绩效越高（H_{12}）
食品信息管理体系	食品安全信息管理体系的完善程度；食品信息管理体系越完善，信息资源的共享程度越高，质量信息披露程度越大食品安全监管绩效越高（H_{13}）
宣传教育	食品安全宣传教育的完善程度；宣传教育越完善，食品安全监管绩效越高（H_{14}）
消费者监督	消费者监督参与程度；消费者监督参与程度越高，食品安全监管绩效越高（H_{15}）
中间组织监督	行业协会等中间组织监督参与程度；行业协会等中间组织监督参与程度越高，食品安全监管绩效越高（H_{16}）
食品召回制度	食品召回制度的完善程度；食品召回制度越完善，食品安全监管绩效越高（H_{17}）
行政问责制度	食品安全行政问责制度的完善程度；行政问责制度越完善，食品安全监管绩效越高（H_{18}）
市场准入制度	食品质量安全市场准入制度的完善程度；市场准入制度越完善，食品安全监管绩效越高（H_{19}）
监测和预警	监测和预警体系的完善程度；监测和预警体系越完善，食品安全监管绩效越高（H_{20}）

第二节 影响因子检验

一、调查问卷设计

根据第一节对影响因子的假设，笔者设计了一份调查问卷，希望通过调查统计，分析其对食品安全监管绩效的影响程度，进而确定影响力较大的因子。问卷由基本信息、绩效判断、影响程度和建议 4 个部分组成。

问卷的第一部分是被调查者的基本情况，包括单位名称、性别、年龄、文化程度、被调查者对食品安全监管的了解程度等问题。其中，被调查者对食品安全监管的了解程度是一个必答题。被调查者对这个问题的回答将视为问卷有效性的判断依据之一，即只有当被调查者对食品安全监管的了解程度是比较了解或一般了解时，这份问卷才有可能为有效问卷；否则，直接视为无效问卷。问卷的第二部分是对国内食品安全监管绩效的判断，绩效判断采取单项选择的形式，要求被调查者从“低”“中”“高”三个选项中选择一项。问卷的第三部分是各因子对食品安全监管的影响程度，影响程度采用利克特 5 分制计量。其中 1 代表很小，2 代表比较小，3 代表一般，4 代表比较大，5 代表很大，要求被调查者在相应的栏目下打“√”。问卷的第四部分是通过开放式问题征求被调查者对提高国内食品安全监管行为绩效的建议。

二、问卷发放及有效性控制

一次成功的问卷调查，除了问卷的设计应当合理外，问卷发放及其有效性控制也极其重要。食品安全监管涉及的群体数量庞大，为了获得准确合理的数据信息，本书采取分类抽样调查的方法进行问卷调查。首先将调查对象按其身份属性分为食品安全监管工作人员、食品企业食品安全中高级管理人员和食品安全管理专家三类群体。其次根据其所在单位的差异抽取一定数量的样本对象进行调查。食品安全监管工作人员选自卫生部门、农业部门、质量监督部门、食品药品监督部门；食品企业选自食品安全行业协会的会员企业；食品安全管理专家选自高校和科研院所。调查途径有现场填写、电子邮件调查两种方式。为使问卷更加合理有效，在进行正式调查之前，笔者随机选取了 45 个样本进行预调查，回收到有效问卷 24 份。通过这次预调查，发现了问卷中设计不够合理的地方，并修改了问卷。

具体的控制措施如下所述。

（1）调查样本控制。被调查人员的选择：由于本问卷是以食品安全工作相关的人员作为样本，问卷涉及的问题包括食品安全监管工作中的监管体制、监管制度、监管环境、监管技术等多方面的因素，因此被调查人员一定要对食品安全监管的公共管理问题有一定的认识。

（2）问卷发放方式和途径控制。问卷主要采用现场发放、电子邮件发放两种调查途径，尽可能地采用现场填写问卷的方式。通过当面发放相关问卷能够保证问卷的质量和有效性，回收率高，这部分问卷占整个有效问卷的 25%左右。对由于受到客观条件和时间限制，无法进行实地调查的地方，采用电子邮件进行问卷调查。

（3）问卷过程控制。实地调研所获得的相关问卷，由于是现场发放、现场回收，这部分问卷能够确保有效性和统计意义上的真实性，回收率是 100%。用电子邮件发放的问卷，由于被调查者主要是食品安全专家、监管机构和食品企业的中高层管理人员，其事务繁忙，很难在预定时间内回收问卷。因此只能选择合适的时机与其联系，请求督促问卷的完成。

三、问卷回收情况

问卷完善后，笔者于 2010 年 10 月通过网络电子邮箱向调查对象发送了 900 份问卷，收回问卷 417 份，回收率为 46.3%，其中有效问卷 315 份，有效率为 75.5%。通过网络调查的方式问卷回收率相对较低，主要是因为部分调查对象因时间等原因未将问卷返回，也有部分是因为电子邮箱地址错误。但有效问卷达 315 份，样本容量足够大，适合进行计量分析。

本次调查问卷发放情况和有效问卷基本情况见表 4-2。被调查者对食品安全监管绩效影响因子的认知情况见表 4-3。被调查者对食品安全监管绩效总体认知情况见表 4-4。

表 4-2 有效样本的基本情况表

调查对象	数量	单位属性	数量	年龄分布	数量	职称	数量	文化程度	数量	性别	数量
食品安全科研人员	169	高校	125	35 岁以下	47	正高级	45	本科及以下	197	男	219
食品企业质量安全高层管理人员	52	科研院所	44	36～45 岁	86	副高级	151	硕士	89	女	96
行政机关相关工作人员	94	行政机关	94	46～55 岁	117	中级	97	博士	29		
		企业	52	56～65 岁	46	其他	22				
				66 岁以上	19						
合计	315	合计	315	合计	315	合计	315	合计	315	合计	315

表 4-3 被调查者对食品安全监管绩效影响因子的认知情况

影响程度排序	影响因子	因子代码	影响程度量表					平均值
			很大（5 分）	比较大（4 分）	一般（3 分）	比较小（2 分）	很小（1 分）	
1	监管机构设置	H_1	151	110	33	16	5	4.23
2	法律法规体系	H_{10}	132	119	36	21	7	4.10
3	监管机构职能	H_2	135	107	46	18	9	4.08
4	信用体系	H_{12}	99	123	65	21	7	3.91
5	监管资源配置	H_7	91	132	69	17	6	3.90
6	消费者监督	H_{15}	86	120	58	46	5	3.75
7	宣传教育	H_{14}	73	128	60	43	11	3.66
8	监管机构协调性	H_3	61	112	87	47	8	3.54

续表

影响程度排序	影响因子	因子代码	影响程度量表					平均值
			很大（5分）	比较大（4分）	一般（3分）	比较小（2分）	很小（1分）	
9	监管独立性	H_4	58	136	54	39	28	3.50
10	监管理念	H_5	46	103	123	38	5	3.47
11	标准认证体系	H_{11}	35	89	134	54	3	3.31
12	监管资源投入	H_6	32	91	141	42	9	3.30
13	行政问责制度	H_{18}	37	94	115	60	9	3.29
14	监管人员素质	H_8	43	77	126	46	23	3.23
15	检测体系	H_9	41	69	131	57	17	3.19
16	监测和预警	H_{20}	21	80	121	81	12	3.05
17	食品信息管理体系	H_{13}	31	65	121	85	13	3.05
18	中间组织监督	H_{16}	21	66	109	86	33	2.86
19	食品召回制度	H_{17}	19	56	112	97	31	2.79
20	市场准入制度	H_{19}	13	66	97	115	24	2.77

表 4-4　被调查者对食品安全监管绩效总体认知情况

监管绩效总体认知			
高（3分）	中（2分）	低（1分）	平均值
25	148	142	1.63

从表 4-3 中可以发现，对被调查对象来说，对食品安全监管绩效影响最大的因子是监管机构设置，影响最小的因子是市场准入制度。为更好地区分各个影响因子的影响程度，笔者将平均值在 3.6～4.6 的因素称为“重要影响因子”，包括监管机构设置、法律法规体系、监管机构职能、信用体系、监管资源配置、消费者监督和宣传教育 7 个因子；将平均值在 3.2～3.6 的因素称为“次重要影响因子”，包括监管机构协调性、监管独立性、监管理念、标准认证体系、监管资源投入、行政问责制度和监管人员素质 7 个因子；将平均值在 3.2 以下的因素称为“不重要影响因子”，包括检测体系、监测和预警、食品信息管理体系、中间组织监督、食品召回制度和市场准入制度 6 个因子。

四、模型检验

基于前文对食品安全监管绩效影响因子的假设及调查对象的认知情况，本书通过构建回归模型进行检验，以验证假设是否合理，从而确定食品安全监管绩效的影响因子。

（一）信度与效度检验

为确定调查问卷的科学性与合理性，笔者对问卷结果的信度（reliability）与效度（validity）进行了检验。

信度即可靠性，是采用同一方法对同一对象进行调查时，问卷调查结果的稳定性和一致性。信度指标多以相关系数表示，具体评价方法大致可分为三类：稳定系数（跨时间的一致性）、等值系数（跨形式的一致性）和内部一致性系数（跨项目的一致性）。内部一致性系数反映的是测评内部各部分之间是否具有同质性。内部一致性系数又分为分半信度、同质性信度和 α 系数。本书采用克龙巴赫 α 系数来评定问卷的内部一致性系数，运用 SPSS 16.0 统计软件计算得到 α 系数为 0.646，说明本问卷具有可接受的信度水平。

效度即有效性，它是指测量工具或手段能够准确测出所需测量事物的程度。效度分为三种类型：内容效度、准则效度和结构效度。本书从结构效度来评价问卷的效度，即该问卷测验的实际得分能解释某一特质的程度。结构效度分析所采用的方法是因子分析。本书运用 SPSS 16.0 统计软件的因子分析功能进行结构效度检验，计算得到问卷的整体效度为 0.783，说明本问卷具有较高的有效性。因此，通过问卷的信度与效度检验，可以确定本调查问卷总体上是科学合理的，可以用来测量调查对象对食品安全监管绩效影响因子的认知情况。

（二）显著性检验

为检验上文的影响因子假设是否成立，本书运用多元线性回归模型来检验所假设的影响因子对食品安全监管绩效是否存在影响及影响程度的大小。该模型的因变量是“监管绩效”，在问卷中以“低”“中”“高”3 个水平来衡量，处理时进行赋值，以“低=1”“中=2”“高=3”来表示。经计算，315 份有效问卷运行绩效的平均值为 1.63。这说明当前国内食品安全监管绩效处于中等偏下水平。那么，哪些因素对国内食品安全监管绩效影响较大呢？它们之间是否存在显著的相关性呢？笔者把监管绩效作为因变量，以上文的 20 个因子假设作为自变量，运用多元线性回归模型进行检验。

运用 SPSS 16.0 统计软件的多元线性回归功能进行检验后，发现样本的判定系数 R^2 为 0.585，调整后的判定系数 $\overline{R}^2$ 为 0.557，统计量 F 值为 1.128，相伴概率值为 0.319，没有通过显著性检验。说明样本的回归效果一般，自变量与因变量之间不存在显著的因果关系。但是运用 t 检验对回归系数进行检验后发现，有部分自变量对因变量的影响是显著的。回归系数的显著性检验见表 4-5。

表 4-5　回归系数的显著性检验

影响因子	非标准化系数		标准化系数 Beta	检验统计量 t	相伴概率 Sig.
	变量系数取值 B	标准差 Std. Error			
常数	1.59	0.512	—	3.322	0.000
监管机构设置	0.099	0.041	0.120	2.422	0.016
监管机构职能	0.083	0.052	0.096	1.600	0.111
监管机构协调性	0.048	0.052	0.058	0.933	0.351
监管独立性	0.046	0.050	0.052	0.905	0.366
监管理念	0.041	0.048	0.051	0.856	0.393
监管资源投入	0.021	0.029	0.032	0.736	0.462
监管资源配置	0.061	0.052	0.073	1.173	0.242
监管人员素质	−0.014	0.025	−0.017	−0.559	0.577
检测体系	−0.015	0.031	−0.021	−0.465	0.642
法律法规体系	0.089	0.044	0.097	2.026	0.044
标准认证体系	0.028	0.034	0.042	0.844	0.399
信用体系	0.065	0.049	0.086	1.332	0.184
食品信息管理体系	−0.024	0.055	−0.042	−0.438	0.662
宣传教育	0.051	0.053	0.061	0.959	0.338
消费者监督	0.052	0.047	0.062	1.108	0.269
中间组织监督	−0.028	0.071	−0.045	−0.401	0.689
食品召回制度	−0.029	0.086	−0.047	−0.335	0.738
行政问责制度	−0.005	0.007	−0.008	−0.628	0.531
市场准入制度	−0.032	0.132	−0.053	−0.243	0.808
监测和预警	−0.015	0.033	−0.029	−0.455	0.650

一般情况下，当某个自变量的检验统计量 t 小到一定程度，相伴概率 Sig.超过 0.5 时，该自变量就不应保留在回归方程中，即该自变量对因变量不存在显著影响。因此，由表 4-5 可以看到，监管人员素质、检测体系、食品信息管理体系、中间组织监督、食品召回制度、行政问责制度、市场准入制度、监测和预警没有通过显著性检验，即这些假设因子对食品安全监管绩效没有显著性影响，据此可以推翻假设 H_8、H_9、H_{13}、H_{16}、H_{17}、H_{18}、H_{19}和 H_{20}，这与被调查对象对食品安全监管绩效影响因子的认知情况也是较为一致的。

第三节 影响因子的确定

通过上述回归系数的显著性检验发现，监管机构设置、监管机构职能、监管机构协调性、监管独立性、监管理念、监管资源投入、监管资源配置、法律法规体系、标准认证体系、信用体系、宣传教育和消费者监督的回归系数为正，说明这些因子对食品安全监管绩效的影响是正向的；监管人员素质、检测体系、食品信息管理体系、中间组织监督、食品召回制度、行政问责制度、市场准入制度、监测和预警的回归系数为负，说明这些因子对食品安全监管绩效的影响是反向的。对这些影响因子进一步分析发现，某些变量之间存在一定的线性相关性和多重共线性。即上述被拒绝的 8 个影响因子假设并不是对食品安全监管绩效没有任何影响，而可能是由于同其他自变量之间存在较大的线性相关性导致不能通过显著性检验。因此，必须对这些影响因子进行重新整合，消除自变量之间的线性相关性。本书采用主成分分析法来提取公共影响因子。

主成分分析法通过求解因子载荷矩阵，可以得出公因子载荷矩阵表，然后采用方差极大法进行旋转，得出旋转后的因子载荷矩阵。根据因子抽取个数的一般原则，即前几个因子的累计方差贡献率达到或超过 80%时抽取公因子，并将公因子表示为原始变量的线性组合，进而提取公共因子[107]。利用 SPSS 16.0 统计软件得到的公因子载荷矩阵见表 4-6。

表 4-6 公因子载荷矩阵表

公因子	特征值	贡献率/%	累计贡献率/%
1	8.78	29.26	29.26
2	5.48	18.27	47.53
3	4.21	14.05	61.58
4	2.97	9.89	71.47
5	2.28	7.60	79.07
6	1.62	5.42	84.49

由表 4-6 可以看到，前 6 个公因子的方差累计贡献率已接近 85%，说明前 6 个公因子已能解释 20 个影响因子中的 85%，但具体可解释哪些因子，还需做进一步的分析。通过方差极大法对上述公因子载荷矩阵进行旋转，然后根据公共因子对各指标的载荷找到公因子可解释的指标。旋转后的因子载荷矩阵表见表 4-7。

表 4-7　旋转后的因子载荷矩阵表

影响因子	公因子					
	1	2	3	4	5	6
监管机构设置	0.972	0.154	0.159	0.245	0.211	0.158
监管机构职能	0.936	0.023	−0.156	0.035	0.199	0.026
监管机构协调性	0.783	0.030	0.042	0.016	0.251	−0.152
监管独立性	0.862	0.134	0.125	0.147	0.179	0.228
监管理念	0.649	0.132	0.017	0.215	0.156	0.030
监管资源投入	0.016	−0.028	0.213	0.126	0.694	−0.198
监管资源配置	0.032	0.125	0.022	0.030	0.855	0.123
监管人员素质	−0.245	0.027	0.143	0.123	0.547	0.098
检测体系	0.025	0.251	0.569	0.138	0.112	0.056
法律法规体系	0.019	0.026	0.024	0.123	0.291	0.980
标准认证体系	0.041	0.125	0.968	0.024	0.159	0.336
信用体系	−0.034	0.957	0.162	0.039	0.186	0.281
食品信息管理体系	0.018	−0.069	0.665	0.013	0.219	0.138
宣传教育	0.059	0.123	0.026	0.896	−0.278	0.125
消费者监督	0.259	0.169	0.195	0.927	0.123	0.032
中间组织监督	0.030	0.035	0.321	0.763	0.341	0.125
食品召回制度	0.248	0.726	−0.412	0.345	0.415	−0.276
行政问责制度	0.027	0.822	0.023	0.028	−0.219	0.236
市场准入制度	0.123	0.703	0.294	0.039	−0.317	0.098
监测和预警	0.132	0.014	0.685	−0.222	0.226	0.012

主成分分析要求原始变量之间要具有较强的相关性，如果原始变量间不存在较强的相关关系，就无法从中综合得出能反映某些变量共同特性的少数公共因子变量。因此，在做主成分分析之前必须计算原始变量的相关系数矩阵，以检验是否适合做主成分分析，比较常用的是 KMO（Kaiser-Meyer-Olkin）检验。本书计算得到的 KMO 值为 0.768，根据统计学家 Kaiser 给出的标准，比较适合做主成分分析。

由表 4-7 可以看出，提取的 6 个公共因子已经可以解释全部的原始变量。其中，第 1 个公共因子可以解释监管机构设置、监管机构职能、监管机构协调性、监管独立性、监管理念 5 个原始变量，该公共因子可命名为“监管体制的完善性”；第 2 个公共因子可以解释信用体系、食品召回制度、行政问责制度、市场准入制度 4 个原始变量，该公共因子可命名为“监管制度的完善性”；第 3 个公共因子可以解释检测体系、标准认证体系、食品信息管理体系、监测和预警 4 个原始变量，该公共因子可命名为“监管技术支撑的完善性”；第 4 个公共因子可以解释宣传教育、消费者监督和中间组织监督3个原始变量，该公共因子可命名为“监管环境的完善性”；第5个公共因子可以解释监管资源投入、监管资源配置、监管人员素质3个原始变量，该公共因子可命名为“监管资源投入的完善性”；第6个公共因子可以解释法律法规体系1个原始变量，该公共因子可命名为“监管法律法规的完善性”。

因此，在对影响因子进行假设检验后，可以确定对政府食品安全监管绩效具有显著影响的因子有监管体制的完善性、监管制度的完善性、监管技术支撑的完善性、监管环境的完善性、监管资源投入的完善性、监管法律法规的完善性6个方面。

为进一步确定公共因子与监管绩效之间的关系及影响大小，须对原始变量进行加权处理，将原始变量的问卷结果全部转化为公共因子对监管绩效的影响程度。为确定原始变量的权重，本书运用德尔菲法请8位专家对各个原始变量的权重进行赋值，再结合上文的主成分分析结果，即可得到每个原始变量的权重系数。结果见表4-8。

表 4-8 原始变量转化为公共因子的权重

公共因子	原始变量	权重系数
监管体制的完善性	监管机构设置	0.25
	监管机构职能	0.20
	监管机构协调性	0.20
	监管独立性	0.18
	监管理念	0.17
监管制度的完善性	信用体系	0.39
	食品召回制度	0.16
	行政问责制度	0.30
	市场准入制度	0.15
监管技术支撑的完善性	检测体系	0.25
	标准认证体系	0.38
	食品信息管理体系	0.18
	监测和预警	0.19
监管环境的完善性	宣传教育	0.39
	消费者监督	0.41
	中间组织监督	0.20
监管资源投入的完善性	监管资源投入	0.33
	监管资源配置	0.36
	监管人员素质	0.31
监管法律法规的完善性	法律法规体系	1.00

因此，通过加权处理即可把315份问卷中的原始变量值全部转化为公共因子值，再用回归模型分析运行绩效与公共因子的关系，就能得出公共因子对运行绩效的影响程度及大小。仍运用SPSS 16.0统计软件的多元线性回归功能进行检验后，发现新回归模型的判定系数 R^2 为0.879，调整后的判定系数 $\overline{R}^2$ 为0.835，统计量 F 值为12.15，相伴概率值为0.023，说明该回归模型的效果较好，公共因子与运行绩效之间存在显著的线性关系。同时计算得到的各个公共因子的共线系数VIF值均小于10，说明自变量（公共因子）之间已不存在显著的线性相关和多重共线性，比较适合做回归模型分析。公共因子回归系数的显著性检验见表4-9。

表4-9　公共因子回归系数的显著性检验

公共影响因子	非标准化系数		标准化系数	检验统计量 t	相伴概率 Sig.
	变量系数取值 B	标准差 Std. Error	Beta		
常数	1.217	0.512		3.418	0.000
监管体制的完善性	0.045	0.056	−0.020	0.864	0.399
监管制度的完善性	0.145	0.058	−0.123	−2.304	0.022
监管技术支撑的完善性	0.051	0.053	0.061	0.959	0.338
监管环境的完善性	0.052	0.047	0.062	1.108	0.269
监管资源投入的完善性	−0.014	0.054	0.040	0.761	0.447
监管法律法规的完善性	0.024	0.056	0.019	−0.988	0.516

由表4-9可以看到，在显著性水平为0.5的情况下，除公共因子“监管法律法规的完善性”没有通过显著性检验外，其他5个公共因子均通过了显著性检验，说明公共因子与监管绩效之间存在显著的线性关系。若假设 Y 代表监管绩效，X_1 代表监管体制的完善性，X_2 代表监管制度的完善性，X_3 代表监管技术支撑的完善性，X_4 代表监管环境的完善性，X_5 代表监管资源投入的完善性，X_6 代表监管法律法规的完善性。那么，政府食品安全监管绩效与其影响因子之间的关系可用回归方程表示。

$$Y = 1.217 + 0.045X_1 + 0.145X_2 + 0.051X_3 + 0.052X_4 - 0.014X_5 + 0.024X_6$$

第四节　食品安全监管绩效机理分析

一、食品安全政府监管理论依据

食品安全监管要由政府监管，其理论依据在于食品安全信息不对称、食品安全外部性、食品安全公共产品等。

首先，食品安全信息的不对称，会导致食品市场的逆向选择和道德风险问题。食品作为经验品和信用品出现的信息不对称性，使市场出现劣质食品驱逐优质食品的逆向选择行为。日常生活中人们时有耳闻的一些名牌优质食品，由于大量的同类假冒伪劣食品的出现而经营困难，甚至破产倒闭，这就是典型的劣质食品驱逐优质食品的现象。食品市场中同样存在道德风险问题；由于食品生产者、销售者与广大消费者之间存在信息不对称问题，食品生产者、销售者为了一己之利，往往产生机会主义的动机和行为，在主观上降低了防范风险的努力程度，从而使风险发生的概率加大。这就会导致道德风险问题，轻者片面夸大食品质量，重者放任或者人为增加食品不安全因素，甚至直接生产、销售假冒伪劣食品，严重损害消费者利益。食品市场的逆向选择和道德风险问题的治理，根本手段还是政府监管。食品市场逆向选择问题的解决，需要政府在全社会定期或不定期公布食品卫生、质量监测信息、建立食品信息披露制度等手段，来缓解食品市场上的信息不对称现象。食品市场的道德风险问题，需要政府强化对食品生产、销售者个人利益最大化的制度约束，使之形成正确的价值取向和价值判断，做出符合社会总体利益的行为。

其次，食品安全外部性是非排他的，因此不能通过市场机制自动设置价格来管制，从而导致市场失灵。具体来说，由于生产和销售安全食品的厂商没有因为产生外部利益而得到补偿，而生产和销售不安全食品的厂商没有因为产生外部危害而付出代价，这两类厂商在决策所采取行动时都没有将外部利益或者危害考虑到边际成本中的动机。其结果是，若仅依靠市场的价格机制，不法食品供应商的行为可以损害他方，而不必考虑导致损害的机会成本，同时还可以得到安全食品厂商带来的边际收益。而安全食品厂商的情形则相反，由此价格机制的失灵也就导致了市场的失灵。要克服食品生产、销售过程中的外部性，解决市场的失灵，就必须依靠政府监管，必须求助政府这只“看得见”的手。

最后，食品安全具有公共产品属性，而公共产品的提供难以靠市场机制来实现，保障食品安全这一公共产品的职责，只能由政府来承担。同时，政府对食品安全的监管行为本身也是一种公共产品。监管与服务是一体两面，食品安全监管对食品生产、销售者来说是监管，对消费者来说就是服务。政府食品安全监管不是针对某一个经济主体，而是针对众多食品供应链各环节的经济主体。食品安全监管在实际运用中不具有排他性，可以同时作用于所有被监管对象。政府食品安全监管提供的不是一般的有形公共产品，而是法律、法规、制度和规则构成的体系，是食品安全状况的改善及良好市场秩序的维护，是无形的公共服务。政府食品安全监管提供的这一公共服务，不具有排他性和竞争性，对食品生产经营者和消费者来说都是有利的。食品安全是公共安全的一个组成部分；食品安全直接关系到消费者的健康与生命安全、社会和谐稳定、食品国际贸易状况及市场经济正常发展，要求政府必须承担起提供食品安全公共产品的职责。

二、食品安全监管绩效产生机理

食品安全监管具有预防为主、科学监管、综合治理的特点。食品安全监管涉及的供应链环节多，监管难度大，需要增强监管工作的预见性、前瞻性和针对性；食品安全监管在体制、依据、内容、手段等方面，都应以人为本、科学监管；政府监管需要采取包括经济、行政、法律、文化、教育等多种措施，通过打击、规范、教育、管理等方法，从根本上实现食品的安全。

通过前文的研究，影响食品安全监管绩效的因素包括：监管体制、监管环境、监管技术、监管制度和监管法律等。各要素相互影响、相互制约，在合理的监管模式下运行，构成食品安全监管的运行系统。实现食品安全的高水平发展离不开各个组成要素的健全和完善，只有各要素良性运行才能保证整个监管体系的高效运作。总的来看，食品安全监管体系产生绩效主要是通过监管主体行为和监管环境影响来实现，监管主体是食品安全监管体系的核心，直接影响监管体系内的体制设计、技术手段、制度设计、法制完善等因素，而监管环境是影响政府食品安全监管的重要外部因素，因此这里主要分析监管主体和监管环境两要素及其影响路径。

在食品安全监管过程中，无论是从政府本身的职能还是监管的成本角度讲，政府都是食品监管过程中最重要的监管主体。政府行政机关，包括农业、卫生、工商、质监、食品药品监督管理等部门。因此，政府在很大程度上是产生食品安全监管绩效的主体。政府通过人力、物力、财力的投入，衍生出政府的监管效率、监管能力、监管服务质量、公共责任和社会公众满意程度等，从而实现食品安全监管的目标。监管主体谋求食品安全监管利益相关者之间沟通交流机制的形成，谋求公众通过公共责任机制对政府的直接控制，谋求政府监管对立法机构负责和对公众负责的统一；它以服务质量及社会公众需求的满足为第一评价标准，蕴涵了公共责任和顾客至上的管理理念；它以加强与改善食品安全监管机制，使政府在管理公共事务、传递公共服务和改善生活质量等方面具有竞争力。政府这一监管主体的影响，具体表现在政府对市场经济监督、管理职能履行、监管体制完善、制度改革和完善等方面。

一个良好的监管环境对产生良好的食品安全监管绩效有着积极的意义，主要表现为市场信息的对称程度、消费者的维权意识、行业自律水平和社会舆论的影响。首先，市场经济条件下的信息对称程度直接影响着生产厂商和消费者的行为选择，也制约着政府食品监管的效果。在市场经济高度发达、市场机制良性运作、市场信息对称的条件下，食品安全问题的发生概率低，监管自然就高效；如果市场机制不健全，则食品安全问题发生的概率就很高。其次，消费者维权意识的强弱在一定程度上影响着政府实现食品安全监管的效率。如果消费者维权意识较强，会对企业起到约束性作用，有利于食品安全的监管工作，反之亦然。再次，行业内的企业作为被监管的直接对象，其自身行为选择必然影响到政府的监管行为走向；因此，企业的自律水平高低也直接影响到政府监管效率的高低。另外，食品行业协会如果能有效地协助政府，加强政企沟通，规范行业内部行为，达到食品市场的良性运行，政府监管效率也会随之提高。最后，社会监管主要体现在社会舆论上，如果新闻媒体能够承担起社会责任，对不法行为及时披露，势必对食品行业造成一种约束力，从而为食品安全监管创造一个良好的环境。同时食品安全相关法律法规的积极宣传，食品安全知识的普及，对提高消费者的自我保护意识和食品辨别能力，引导消费者拿起法律武器维护自己的权益有重要作用，从而有利于政府食品安全监管。

三、食品安全监管绩效体现

第一，良好的食品安全监管绩效是公众身体健康和生命安全的保证。食品是人们生活的必需品，具有不可替代性，食品安全事关公众的身体健康和生命安全，关系到公民福利和社会稳定；一旦发生突发性重大食品安全事件，极有可能造成人员伤亡，公众利益会受到严重损害。由于食品安全问题的独特性，消费者始终处于信息不对称的不利地位，政府的有效监管可以使消费者降低风险。政府通过建立并理顺食品安全监管体制，明确各监管部门职责，加大食品安全监管执法力度，可以防止、控制和消除食品污染及食品中有害因素对人体健康的危害，预防和控制食源性疾病的发生；从而切实保障食品安全，保证公众身体健康和生命安全。

第二，良好的食品安全监管绩效有利于整顿市场经济秩序、促进产业发展。由于信息不对称现象的存在，处于信息劣势的消费者一方，往往由于处于信息优势的生产者一方采取机会主义行为或欺诈行为，隐瞒产品信息或制造虚假信息，不能有效避免产品危害风险。政府对于市场中出现的假冒伪劣食品，必须严厉打击；对于生产厂商处以重罚并责令限期改正，否则取消其生产资格，以维护市场秩序与消费者的合法权益。食品市场在极端情况下可能会产生“柠檬市场效应”，在信息不对称的情况下，往往好的商品遭受淘汰，而劣等品会逐渐占领市场，从而取代好的商品，导致市场中都是劣等品。这既伤害了消费者的利益，也极大地侵害了生产优质食品厂商的利益，使食品产业畸形发展。政府只有加强食品安全监管的力度，制定相应的法律法规，限制和惩罚信息优势者可能的机会主义行为，保护信息弱势者的合法权益，力促食品信息在消费者、生产者和监管者之间的良性互动，才能促进食品产业健康良性发展，提高产业竞争力。

第三，良好的食品安全监管绩效有助于缓解社会矛盾、维护社会稳定。食品安全是当前影响社会稳定的一个非常敏感而且重要的因素，不断出现的食品安全事故，在很大程度上造成了一种社会恐慌。通过食品安全监管、规范食品经营、依法查处影响食品安全的违法违规行为，能够妥善解决人民群众在食品消费或服务过程中出现的矛盾，消除影响社会稳定的不安定因素。

第四，良好的食品安全监管绩效体现了政府依法行政、服务社会的公共职能。食品安全监管的主体主要是政府。食品安全监管作为一种公共产品的提供，是政府职能的体现，也是服务性政府的要求。因此，理顺食品安全监管体制，构建先进合理的食品安全模式，防止、控制和消除食品安全隐患是政府依法行政、服务社会的职能体现。我国政府改革的方向之一，是建设服务型政府。政府应该把自己看作服务的提供者，任务是向公众提供优质、高效的公共服务。政府对食品安全的监管是其中非常重要的一个组成部分，政府不仅要保障食品的供给，满足公众的基本生活需要，还要对食品实行“从农田到餐桌”的全程监管，确保公众购买的食品是安全食品。政府提供经济、高效的食品安全监管服务，以保证市场交易中食品的安全，减少或避免突发性重大食品安全事件的发生，既维护了公众的健康利益，使公众看到食品安全监管的显著成效，又履行了政府自身的职责，从而促进政府朝着服务型方向迈进。

第五章　政府食品安全监管绩效评价指标体系构建

我国的各种政府绩效评估处于改革和发展的探索性阶段，与西方较为规范和成熟的评估制度相比，我国政府在绩效评估制度的规范化及评估主体、内容、方法、标准的科学化等方面还有待改进和完善。相对于政府绩效管理评估的发展，食品安全监管绩效评估更为落后，在理论上还处在初步探索阶段。在工作实践中，政府相关部门通常仅使用食品抽检合格率这个单一指标来衡量食品安全监管水平。而食品抽检合格率是随着食品安全标准的高低随机波动的，并且合格率本身并不能说明一切问题。因此，构建一个科学、完善的食品安全监管绩效评价指标体系有着非常重要的意义。

食品安全监管绩效评价指标具有反映政府食品安全监管状态和过程、评价监管绩效的功能。构建食品安全监管绩效评价指标体系，是政府食品安全监管绩效评价的一个难点和重点。本章在目前国内现有相关指标体系的基础上，阐述我国政府食品安全监管绩效评价指标体系构建的原则、流程，分析食品安全监管绩效评价指标体系的总体框架和基本内容，并对定性指标的量化、指标权重系数等问题进行研究。

第一节　食品安全监管绩效评价指标体系构建原则

经前面分析发现，影响国内食品安全监管绩效的因素较多，结构也较为复杂，需要从多个角度和层面来构建评价指标体系。为确保评价结果的客观、合理，在选取具体的评价指标时应遵循以下几个原则。

（1）价值取向原则。评价指标的设计和指标体系的构建是一项技术性很强的工作，必须遵循一定的原则，而最基本的原则就是具体评价指标的选择和指标体系的设计必须从价值取向出发，从而保证评价指标体系能够有效地反映政府绩效[108]。价值取向决定评价指标的内容、指标体系的发展方向，是判断指标体系是否科学、有效的重要标准，也是判断一个绩效评价体系是否成功的重要标准。中央文件明确指出，食品安全工作应以邓小平理论和“三个代表”重要思想为指导，深入贯彻落实科学发展观，从维护人民群众根本利益出发。食品安全监管绩效评价指标的设计也应以科学发展观和以人为本的价值理念为取向，以保证相关的评价实践能够充分反映食品安全工作价值取向的要求。

（2）确切性原则。该原则要求所选取的评价指标必须内涵清楚，用于定义指标的名称应准确无误，否则会对指标的赋值带来困难。同时指标的含义应当前后一致，通过对评价指标做出详细界定，使评价者对评价指标能整体理解。

（3）整体性原则。评价指标应当比较全面，能够全面反映食品安全监管绩效的数量和质量要求，防止以偏概全，不遗漏任何一项重要指标。指标体系中的各具体指标在含义、口径范围、计算方法、计算时间和空间范围等方面要相互衔接，能系统综合地反映食品安全监管绩效各构成要素之间的数量关系、内在联系及其规律性。

（4）可比性原则。首先，指标体系中的指标要有相互独立性，同一层次上的指标之间必须相互独立，力求减少单个指标之间的相关程度，避免显著的包容关系。其次，指标必须反映食品安全监管绩效的共同属性。最后，评价指标应在数据口径、时空范围、计算方法等方面基本统一，根据指标比较分析的需要，明确、恰当地设计指标体系中的每一具体组成指标，科学地把某些不可比因素转化为可比因素。

（5）可行性原则。首先，评价指标要有针对性。根据特定地方政府的职能和绩效目标来设定绩效评价指标，做到有的放矢。既要全面反映特定地方政府的职能和绩效目标，又要突出特定地方政府职能和绩效目标的重点。其次，评价指标要合理。要根据需要与可能设定指标，使指标建立在切实可行的基础上。同时，指标要有一定的高度，充分发挥监管机构及其工作人员的积极性、创造性，最大限度地挖掘潜力，提高绩效。但指标的设定必须立足于主客观条件，否则，不仅会挫伤地方政府及其工作人员的积极性，而且会劳民伤财，不利于地方经济社会可持续发展。

（6）动态性原则。食品安全监管本身是一个动态的过程，其绩效也是一个动态发展、不断提高的过程。可以设置动态的评价指标体系来反映这一过程，动态指标体系必须能反映食品安全监管体系及创新发展的现状、潜力及演变趋势，并能揭示其内在的发展规律。

（7）定性与定量相结合原则。食品安全监管作为政府公共服务的一部分，其绩效评估应当把数字和量化标准作为基础，实现定性与定量的结合。监管绩效的多数指标是定量的，如食品合格率，食品中毒、死亡人数，食源性疾病的发病率等；也有许多指标是定性的，如居民感受到的食品安全度和一些监管工作流程指标，这些定性指标若不加以吸收会觉得很可惜，而要直接利用又很困难，所以应先进行量化，再与其他定量指标一起使用。

第二节　食品安全监管绩效评价指标体系构建流程

政府绩效评价指标体系的构建是一个系统流程，包括政府绩效的影响因素分析、绩效评价特征分析、绩效评价目标分解、指标维度的确立、指标体系构建、绩效评价指标的筛选与测评、指标权重的确定 7 个基本环节[109]，如图 5-1 所示。食品安全监管作为政府工作的一个重要组成部分，其绩效评价指标体系的构建也可遵循此流程。其中，对于食品安全监管绩效的关键因素，在第四章里已经进行了具体的研究。

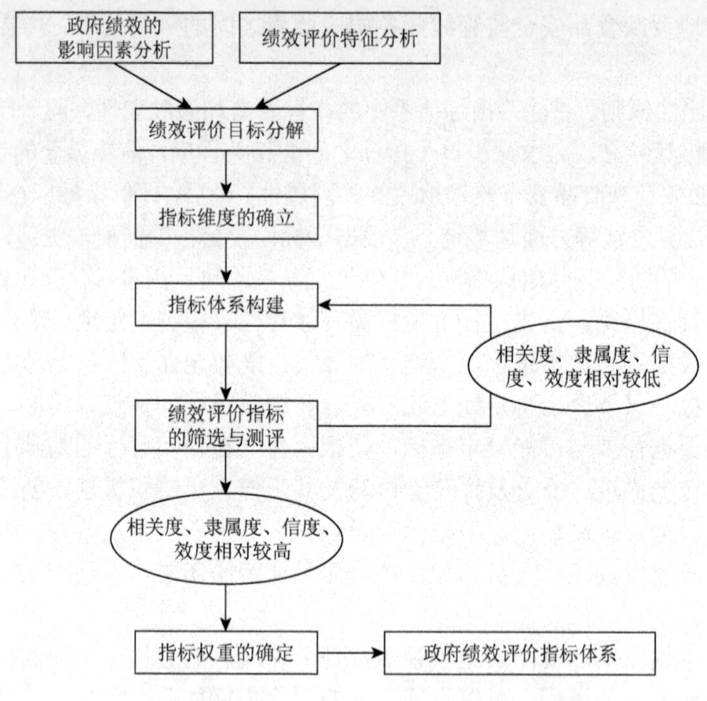

图 5-1　政府绩效评价指标体系构建的基本流程

1. 食品安全监管绩效评价特征分析

特征是指一事物区别于其他事物特别显著的征象，区分性是构成特征的要件，绩效特征就是其绩效在某些属性上的显著差异。

食品安全监管绩效评价的核心是对其业绩的认定和价值的估量问题。作为掌握公共权力、为社会和公众提供公共产品与公共服务的监管部门，其绩效具有产出内容的非物质性、受益对象的非特定性、实现过程的非市场性、获益效果的滞后性、利益相关者多维性、评价客体的层次性、评价指标的复杂性、绩效评价的外部性等特点，决定了食品安全监管绩效评价不同于其他组织绩效评价。应根据食品安全监管绩效的内在属性和自身特殊要求来构建科学的绩效评价指标体系，选择科学的绩效评价逻辑框架和方法来进行评价。

2. 食品安全监管绩效评价目标分解

对政府设置的食品安全监管绩效目标进行合理分解，建立绩效目标分层结构。对于一级政府食品安全监管绩效目标的分解可从两个层面进行：一是将绩效总目标分解到下一级政府。根据政府的不同层级，将目标值以层层分解的方式传递给下级部门，最终形成一个纵向的目标任务体系。二是将总绩效目标分解到同级政府的局、办等职能部门，然后这些部门将子目标再分解到职能机构中的科、室，最后直至分解到具体的责任人，这样就形成了一个横向的目标体系。通过对总目标的层层分解，形成了一个纵横交错的目标任务和管理网络体系。由于政府层次的不同，并不是所有层级政府都具备上级政府所具备的职能部门或机构。例如，食品安全监管部门在县级和乡镇级的设置就有所不同。

3. 食品安全监管绩效评价指标维度的确立

政府绩效评价指标体系是一个具有特定结构与功能的复杂系统。设计科学合理的政府绩效评价指标体系，首先必须考虑政府绩效本身的基本维度。学者根据评价指标构建逻辑框架的不同，采用了不同的指标维度。目前国内外学者常用的逻辑框架包括“经济—效率—效益”（3E）逻辑框架、“政治—经济—社会”三维逻辑框架、“关键绩效指标”框架及平衡计分卡逻辑框架等。

对于食品安全监管绩效评价，相关研究甚少，所采用的评价指标构建逻辑框架及指标维度也主要参照政府绩效评价的相关理论。刘录民等[47]认为，政府监管运行过程是由资源投入—运作管理—产出结果三个环节构成的反馈回路，这三个环节构成评估监管绩效的三个维度，因此从资源投入、运作管理、产出结果三个维度来设计食品安全监管评价指标[48]。这种维度的确立方法理论上还是以平衡计分卡绩效评价理论为基础，是在其投入、管理、产出和结果四个指标维度上简化合并而来。刘为军等基于食品安全利益相关者理论，从政府、企业、消费者、科技四个角度研究了食品安全控制绩效的关键影响因素[48]。

对于食品安全监管绩效评价指标构建流程的其他环节，即指标维度的确立、绩效评价指标的筛选与测评、指标权重的确定，在后续几节进行详细的分析。

第三节　食品安全监管绩效评价指标体系构建逻辑框架

逻辑框架的建立可以为政府绩效评价提供一种分析框架，也可作为组织和构建地方政府绩效评价各种指标的方法、结构和工具，它可以对许多评价议题与项目进行深入的理解和划分。

政府绩效评价指标体系的逻辑框架具有不同的类型。目前国内外学者常用的逻辑框架包括“3E”逻辑框架、“政治—经济—社会”三维逻辑框架、关键绩效指标框架、平衡计分卡逻辑框架和绩效棱柱模型等。

1. “3E”逻辑框架

“3E”逻辑框架指从经济（economy）、效率（efficiency）、效益（effect）三个维度评价。“3E”实际上是一种包含不同价值观点的指标体系，用这种多元价值的指标体系来取代传统模式下的效率指标（如财务、会计指标等），进而可以更好地实现政府成本的节约和政府管理的经济性，这是“3E”评估指标体系的根本价值准则。

“经济”表示投入成本的最小化程度，一般涉及成本（cost）与投入（input）之间的关系。“效率”表示在既定的投入（input）水平下使产出（output）水平最大化，一般通过投入与产出之间的比例关系来衡量。“效益”表示产出最终对实现组织目标的影响程度，包括产出的质量、期望得到的社会效果、公众的满意程度等，一般涉及产出与效果（outcome）之间的关系。“3E”评估指标体系的根本价值准则是强调节约管理成本，强调经济性，而忽视了政府在社会公共管理中所追求的核心价值观（如公平、正义、民主等），因而“3E”逻辑框架后来又被加入了“公平”（equity）指标，发展为“4E”逻辑框架。但是，由于政府公共部门的非营利性、公共产出的非市场性，以及政府目标的弹性和软目标性，政府的“公平”维度指标难以评测。

2. “政治—经济—社会”三维逻辑框架

政府绩效可以划分为政治绩效、经济绩效、社会绩效三个维度。因此，政府绩效评估指标体系的设计也相应从政治、经济、社会三方面入手，形成政府绩效评估指标体系构建的“政治—经济—社会”的逻辑框架[110]。这种逻辑框架以政府行为的三个主要活动领域为基本维度来构建绩效评估指标体系，可以全面反映政府绩效的外延，使评估指标更加条理化和标准化，构建的指标体系更富有可比性。但是，该逻辑框架由于其维度设置过于抽象，后续指标要素的选择难以具体化；也未考虑到政府成本，侧重于政府的业绩水平，不能全面反映政府绩效的真正含义。

3. 关键绩效指标框架

关键绩效指标（key performance indicators，KPI）是指组织宏观战略目标决策经过层层分解产生的可操作性战术目标，是宏观战略决策执行的监测指针，用来反映策略执行的效果。关键绩效指标设计方法适用于政府组织，它所体现的衡量内容最终取决于组织的战略目标，是对组织战略目标的进一步细化和发展，并随着战略目标的发展演变而调整。通过关键绩效指标体系的建立，把政府的战略规划和目标通过自上而下的层层分解落实为部门和员工个人的具体工作目标，将政府规划转化为内部过程和活动，落实政府战略目标和工作重点，从而确保战略目标的实施。

4. 平衡计分卡逻辑框架

平衡计分卡（balanced score card，BSC）从四个角度关注组织的绩效：客户、财务、内部流程、学习与发展，并要求各角度之间保持适度的平衡。该逻辑框架既包括财务考核指标，又包括非财务考核指标，实现了两类指标的平衡。该框架在政府中的应用，实现了政府短期目标与长期目标、政府战略与评估指标体系相结合的要求。在评估的四个角度中，顾客和财务角度注重政府的现状；而内部流程、学习与发展角度则关注政府的长远发展，是政府发展的内在动力。平衡计分卡把政府对社会发展所承担的眼前责任与长远责任结合起来，要求政府在学会花纳税人钱的同时实现财政收支的平衡，更重要的是要承担起引导社会良性发展的重任。因此，政府平衡计分卡是政府绩效管理方法上的一大突破，也是学者在构建政府绩效评价指标时使用较多的一种逻辑框架。但是该逻辑框架构建的指标体系复杂，需要一个长期的建立过程，需要大量人力、财力的支持。并且在平衡计分卡的使用过程中，具有容易受到测评对象主观性影响的缺点，可以采用多层次类的战略实施测量方法将企业分解为若干个层次，再对其各个方面进行测量[111]。

政府绩效评估不同于企业绩效评估，将平衡计分卡应用于政府绩效评估时，应根据政府绩效的内在属性和政府绩效评估的自身特殊要求来构建科学的绩效评估指标体系，根据公共部门的发展战略修正和整合平衡计分卡的结构和指标。

5. 绩效棱柱模型

绩效棱柱模型（performance prism，PP）是一个三维框架模型。其结构可形象地表示为一个三棱柱。绩效棱柱模型包括互相关联的五个方面：利益相关者的满意、利益相关者的贡献、组织战略、组织流程和组织能力。绩效棱柱模型最大的特点和优势在于坚持利益相关者价值取向的观点，克服了平衡计分卡法只考虑客户贡献的缺陷，从所有利益相关者的贡献和满意双向来衡量，体现了“全面的利益相关者”、“综合平衡”和“系统思考”的思想。

除了上述政府绩效评价指标构建的逻辑框架，一些学者综合运用多个绩效评价指标构建方法，针对不同的评估对象，提出了一些修正和改良的逻辑框架。李金龙和虞莹则指出，采用平衡计分卡与关键绩效指标相结合的方法，有助于建立科学的绩效评价指标体系，其详细讨论了平衡计分卡与关键绩效指标相结合的政府绩效评价指标体系设计的依据与步骤[112]。王谦提出了一种政府部门绩效战略综合评价方法，即把平衡计分卡与绩效棱柱相结合来评价政府部门绩效[113]。

从现有的研究来看，对于食品安全监管绩效评价指标体系构建，所采用的逻辑框架主要基于政府绩效评估的平衡计分卡逻辑框架。尹明珠把平衡计分卡思想引入食品药品监管系统的绩效评估体系，设计出了食品药品监管系统的平衡计分卡指标体系[46]。结合食品安全监管绩效评价的特点，本书采用的是一种基于平衡计分卡、关键绩效指标法、绩效棱柱模型的综合逻辑框架。该逻辑框架是参照倪星和余琴提出的用于构建地方政府绩效指标体系的整合模型[114]，结合食品安全监管绩效评价的特征修改得来，模型如图 5-2 所示。

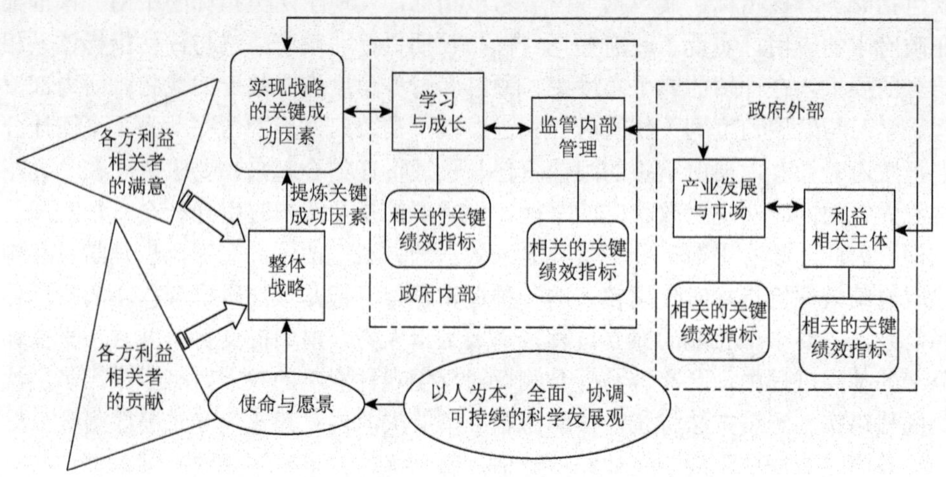

图 5-2　政府食品安全监管绩效评价综合逻辑框架模型

该模型综合利用了平衡计分卡、关键绩效指标及绩效棱柱模型的优势互补性，结合绩效棱柱中利益相关者的理念与绩效评估的价值取向来确定组织的整体战略与总目标。同时按照关键绩效指标的思路找出实现总目标的关键成功因素，利用平衡计分卡的框架体系将关键因素分为四个方面，再分别找出各自的关键指标，最后根据指标的类型确定其衡量标准。

食品安全监管在现阶段应坚持以科学发展观和以民为本的价值取向，注重食品安全公共品的持续发展，全面考虑食品安全相关者的利益和影响。同时，食品安全监管部门多、监管环节复杂、绩效影响因素多，需要构建的绩效评价指标体系复杂。采用该模型来构建食品安全监管绩效评价指标体系，可以充分利用该模型的整合优势，克服食品安全监管绩效评价指标体系构建的难点。

第四节　食品安全监管绩效评价指标体系构建内容

基于平衡计分卡、关键绩效指标、绩效棱柱模型构建的食品安全监管绩效评价综合逻辑框架，其具体指标体系见表 5-1。

表 5-1　食品安全监管绩效评价指标体系

平衡计分卡维度	关键成功因素	监管关键绩效指标	
学习与成长（A）	A_1 人力资源	A_{11}	食品安全监管人员专业素质
		A_{12}	食品安全监管领导机构
		A_{13}	食品安全监管人员编制
		A_{14}	食品安全监管在岗人数
		A_{15}	监管人员各层次学历人员比重
		A_{16}	监管人员和监管对象比重
	A_2 学习与创新能力	A_{21}	食品安全监管人员人均培训时间
		A_{22}	监管员对自身培训与提升的满意度
		A_{23}	公众对食品安全监管改革创新的满意度
监管内部管理（B）	B_1 监管行政能力	B_{11}	监管经费占地方财政支出比重
		B_{12}	食品安全监管经费占地方生产总值比重
		B_{13}	监管经费增长率
		B_{14}	居民人均监管经费
		B_{15}	食品违法违规案件查处率
		B_{16}	食品违规处罚到位率
		B_{17}	食品安全抽检频次
		B_{18}	食品安全检测能力
		B_{19}	监管机构办事效率
		B_{110}	监管机构的交通工具
		B_{111}	食品安全科研成果
		B_{112}	监管机构信息化水平
		B_{113}	食品安全突发事件应急处理能力
	B_2 监管服务水平	B_{21}	监管政策制定的科学性和民主性
		B_{22}	标准制定的完善性
		B_{23}	监管政策的连续性、稳定性
		B_{24}	法规政策及时传达贯彻
		B_{25}	食品安全监管政策的公开性
		B_{26}	触犯刑法食品案件处理情况
		B_{27}	食品安全投诉回应时间
		B_{28}	社会监管渠道完善程度
		B_{29}	公众对政府人员服务水平的满意度

续表

平衡计分卡维度	关键成功因素	监管关键绩效指标	
监管内部管理（B）	B_3 监管廉洁程度	B_{31}	监管腐败涉案人员占监管人员比重
		B_{32}	监管部门工作作风评议
产业发展与市场（C）	C_1 产业发展	C_{11}	食品产业占地方生产总值比重
		C_{12}	地方食品产业增长率
		C_{13}	食品产业集中度
		C_{14}	省级以上食品名牌企业占当地食品企业比重
		C_{15}	小企业、小作坊占食品企业比重
	C_2 市场环境	C_{21}	食品安全违法违规发案数
		C_{22}	食品企业主体责任落实程度
		C_{23}	信用黑名单企业数
		C_{24}	企业从业人员食品安全认知程度
		C_{25}	中间组织监管参与程度
		C_{26}	消费者监管参与程度
利益相关主体（D）	D_1 公众	D_{11}	食品安全事故中毒人数
		D_{12}	食品安全事故死亡人数
		D_{13}	食品安全事故发病人数
		D_{14}	公众食品安全感
		D_{15}	公众食品安全满意度
		D_{16}	食品安全事故发案数
	D_2 食品企业	D_{21}	食品抽检合格率（全指标）
		D_{22}	食品企业 QS 许可证获证率
		D_{23}	食品企业获得 HACCP 认证率
		D_{24}	食品实物抽查合格率
		D_{25}	食品企业 GMP 认证率
		D_{26}	食品企业 ISO 9000 认证率

根据前文的评价指标选取原则及逻辑框架，结合学者们的相关研究成果及反复咨询多名专家意见，本书所构建的国内食品安全监管绩效评价指标体系，在每个二级指标下面又包括若干个三级指标，本指标体系共有 4 个一级指标、9 个二级指标、56 个三级指标，各指标含义说明见表 5-1。该体系的整体成略为：以邓小平理论和“三个代表”重要思想为指导，深入贯彻落实科学发展观，从维护人民群众根本利益出发，进一步加强对食品安全工作的组织领导，完善食品安全监管体制机制，健全政策法规体系，强化监管手段，提高执法能力，落实企业主体责任，提升诚信守法水平，动员社会各界积极参与，促进我国食品安全形势持续稳定好转。

第五节　评价指标的筛选、测评及权重

国内食品安全监管绩效的评价指标体系共有 56 个三级指标。从本书的评价目的来看，各个评价指标对食品安全监管绩效的作用具有不同的重要性。因此，为了准确反映各个评价指标在评价过程中的作用地位及重要程度，在初步确定评价指标体系后，必须对各评价指标赋予不同的权重系数。权重系数是以某种数量形式对比、权衡被评价事物总体中诸因素相对重要程度的量值。它不仅表示该评价指标在指标体系中所占的地位和作用，同时又表示这一指标与其他指标的关系。即使是同一个评价指标，如果对其赋予的权重系数不同，得到的评价结论差异也可能很大。因此，合理确定各个评价指标的权重系数对评价有着重要意义。

评价指标的权重系数应是评价过程中相对重要程度的一种主观、客观量度的反映。一般而言，确定指标的权重时应主要从三个方面来考虑：评价者的主观差异，即评价者对每个指标的重视程度不同；各指标间的客观差异，即各指标在评价中所起的作用不同；各指标所提供信息的可靠性不同，即各指标的可靠程度不同。

权重系数初步确定后一般还要进行归一化处理，使之介于 0 和 1，并使各指标的权重之和等于 1。根据计算权数时原始数据的来源不同，确定指标权重的方法主要有层次分析法、特征向量法、熵值法等。

根据国内食品安全监管绩效评价指标的来源和特点，本书采用层次分析法来确定每个评价指标的权重。

1. 建立递阶层次结构模型

应用层次分析法分析决策问题时，首先要把问题条理化、层次化，构造出一个有层次的结构模型。在这个模型下，复杂问题被分解为元素的组成部分。这些元素又按其属性及关系形成若干层次。上一层次的元素作为准则对下一层次有关元素起支配作用。这些层次一般可分为三类。

（1）最高层：这一层次中只有 1 个元素，一般它是分析问题的预定目标或理想结果，因此也称为目标层。本书指“国内食品安全监管绩效”。

（2）中间层：这一层次中包含了为实现目标所涉及的中间环节，它可以由若干个层次组成，包括所需考虑的准则层、子准则层。本书的准则层包括学习与成长、监管内部管理、产业发展与市场和利益相关主体 4 个指标，子准则层包括人力资源、学习与创新能力、监管行政能力、监管服务水平、监管廉洁程度、产业发展、市场环境、公众和食品企业 9 个指标。

（3）最底层：这一层次包括为实现目标可供选择的各种措施、决策方案等，因此也称为措施层或方案层。本书的最底层包括 56 个三级评价指标。

详细的递阶层次结构模型如图 5-3 所示。

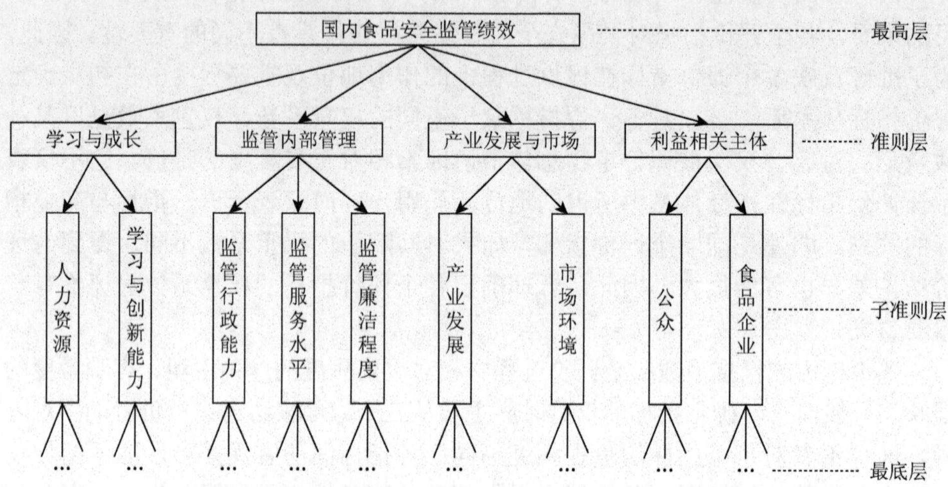

图 5-3 国内食品安全监管绩效评价指标体系层次结构模型

2. 构造两两比较判断矩阵

判断矩阵元素的值反映了人们对各因素相对重要程度（或优劣、偏好、强度等）的认识，一般可采用数字 1～9 及其倒数的标度法来表示，见表 5-2。

表 5-2 重要性标度含义表

重要性标度	含义
1	表示两个元素相比，具有同等重要性
3	表示两个元素相比，前者比后者稍重要
5	表示两个元素相比，前者比后者明显重要
7	表示两个元素相比，前者比后者强烈重要
9	表示两个元素相比，前者比后者极端重要
2，4，6，8	表示上述判断的中间值
倒数	若元素 i 与元素 j 的重要性之比为 a_{ij}，则元素 j 与元素 i 的重要性之比为 $a_{ji}=1/a_{ij}$

当相互比较因素的重要性能够用具有实际意义的比值说明时，判断矩阵相应的值则可取这个比值。

若现在要比较 n 个因子 $X=\{x_1,\cdots,x_n\}$ 对某因素 Z 的影响大小，可以采取对因子进行两两比较建立成对比较矩阵的办法。即每次取两个因子 x_i 和 x_j，以 a_{ij} 表示 x_i 和 x_j 对 Z 的影响大小之比，全部比较结果用矩阵 $\boldsymbol{A}=(a_{ij})_{n\times n}$ 表示，称 $\boldsymbol{A}$ 为 Z-X 之间的成对比较判断矩阵（简称判断矩阵）。容易看出，若 x_i 与 x_j 对 Z 的影响之比为 a_{ij}，则 x_j 与 x_i 对 Z 的影响之比应为 $a_{ji}=\dfrac{1}{a_{ij}}$。

3. *层次单排序及一致性检验*

判断矩阵 $\boldsymbol{A}$ 对应于最大特征值 $\lambda_{\max}$ 的特征向量 $\boldsymbol{W}$，经归一化后即为同一层次相应因素对于上一层次某因素相对重要性的排序权值，这一过程称为层次单排序。

判断矩阵的一致性检验步骤如下所示。

（1）计算一致性指标 CI：

$$\mathrm{CI}=\frac{\lambda_{\max}-n}{n-1}$$

（2）查找相应的平均随机一致性指标 RI。对 $n=1,\cdots,9$，给出了 RI 的值，如表 5-3 所示。

表 5-3　RI 对应 *n* 的值

n	1	2	3	4	5	6	8	7	9
RI	0	0	0.58	0.9	1.12	1.24	1.41	1.32	1.45

RI 的值是这样得到的：用随机方法构造 500 个样本矩阵，随机从 1～9 及其倒数中抽取数字构造正互反矩阵，求得最大特征根的平均值 $\lambda'_{\max}$，并定义

$$\mathrm{RI}=\frac{\lambda'_{\max}-n}{n-1}$$

（3）计算一致性比例 CR：

$$\mathrm{CR}=\frac{\mathrm{CI}}{\mathrm{RI}}$$

当 $\mathrm{CR}<0.10$ 时，认为判断矩阵的一致性是可以接受的，否则应对判断矩阵做适当修正。

4. *层次总排序及一致性检验*

上面得到的是一组元素对其上一层中某元素的权重向量。最终要得到各元素，

特别是最低层中各方案对于目标的排序权重，从而进行方案选择。总排序权重要自上而下地将单准则下的权重进行合成。

设上一层次（A 层）包含 $A_1,\cdots,A_m$ 共 m 个因素，它们的层次总排序权重分别为 $a_1,\cdots,a_m$。又设其后的下一层次（B 层）包含 n 个因素 $B_1,\cdots,B_n$，它们关于 A_j 的层次单排序权重分别为 $b_{1j},\cdots,b_{nj}$（当 B_i 与 A_j 无关联时，$b_{ij}=0$）。现求 B 层中各因素关于总目标的权重，即求 B 层各因素的层次总排序权重 $b_1,\cdots,b_n$，计算按表 5-4 所示方式进行，即 $b_i=\sum_{j=1}^{m}b_{ij}a_j(i=1,\cdots,n)$。

表 5-4 层次总排序权重

A 层 / B 层	A_1	A_2	…	A_m	B 层总排序权值
	a_1	a_2	…	a_m	
B_1	b_{11}	b_{12}	…	b_{1m}	$\sum_{j=1}^{m}b_{1j}a_j$
B_2	b_{21}	b_{22}	…	b_{2m}	$\sum_{j=1}^{m}b_{2j}a_j$
⋮	⋮	⋮		⋮	⋮
B_n	b_{n1}	b_{n2}	…	b_{nm}	$\sum_{j=1}^{m}b_{nj}a_j$

对层次总排序也需做一致性检验，检验仍像层次总排序那样由高层到低层逐层进行。B 层中与 A_j 相关因素的判断矩阵在单排序中经一致性检验，求得单排序一致性指标为 $\mathrm{CI}(j)$（$j=1,\cdots,m$），相应的平均随机一致性指标为 $\mathrm{RI}(j)$（$\mathrm{CI}(j)$、$\mathrm{RI}(j)$ 已在层次单排序时求得），则 B 层总排序随机一致性比例为

$$\mathrm{CR}=\frac{\sum_{j=1}^{m}\mathrm{CI}(j)a_j}{\sum_{j=1}^{m}\mathrm{RI}(j)a_j}$$

当 $\mathrm{CR}<0.10$ 时，认为层次总排序结果具有较满意的一致性并接受该分析结果。

本书设计好评价指标体系后，邀请了专家对该评价指标体系的两两比较矩阵进行判断，得到的专家判断矩阵表见附录相关表格。

根据专家的判断矩阵，运用层次分析法专门软件计算得到的各个评价指标权重系数见表 5-5。

表 5-5　国内食品安全监管绩效的评价指标体系与权重

一级指标	权重	二级指标	权重	三级指标	权重	总权重
学习与成长（A）	0.2692	A_1 人力资源	0.8944	A_{11}	0.6718	0.1618
				A_{12}	0.1069	0.0257
				A_{13}	0.2839	0.0684
				A_{14}	0.4241	0.1021
				A_{15}	0.1069	0.0257
				A_{16}	0.5151	0.1240
		A_2 学习与创新能力	0.4472	A_{21}	0.1163	0.0140
				A_{22}	0.1943	0.0234
				A_{23}	0.9740	0.1173
监管内部管理（B）	0.6677	B_1 监管行政能力	0.6882	B_{11}	0.1883	0.0865
				B_{12}	0.2585	0.1188
				B_{13}	0.0781	0.0359
				B_{14}	0.1833	0.0842
				B_{15}	0.4562	0.2096
				B_{16}	0.1427	0.0656
				B_{17}	0.0366	0.0168
				B_{18}	0.3828	0.1759
				B_{19}	0.6637	0.3050
				B_{110}	0.0290	0.0133
				B_{111}	0.0448	0.0206
				B_{112}	0.1811	0.0832
				B_{113}	0.0854	0.0392
		B_2 监管服务水平	0.6882	B_{21}	0.4858	0.2232
				B_{22}	0.4696	0.2158
				B_{23}	0.5755	0.2644
				B_{24}	0.1459	0.0670
				B_{25}	0.1856	0.0853
				B_{26}	0.1014	0.0466

续表

一级指标	权重	二级指标	权重	三级指标	权重	总权重
监管内部管理（B）	0.6677	B_2 监管服务水平	0.6882	B_{27}	0.0745	0.0342
				B_{28}	0.3334	0.1532
				B_{29}	0.0590	0.0271
		B_3 监管廉洁程度	0.2294	B_{31}	0.9806	0.1502
				B_{32}	0.1961	0.0300
产业发展与市场（C）	0.1894	C_1 产业发展	0.7071	C_{11}	0.5293	0.0709
				C_{12}	0.7995	0.1071
				C_{13}	0.1608	0.0215
				C_{14}	0.0937	0.0125
				C_{15}	0.2145	0.0287
		C_2 市场环境	0.7071	C_{21}	0.1309	0.0175
				C_{22}	0.1364	0.0183
				C_{23}	0.7649	0.1024
				C_{24}	0.2422	0.0324
				C_{25}	0.0707	0.0095
				C_{26}	0.5617	0.0752
利益相关主体（D）	0.6677	D_1 公众	0.7071	D_{11}	0.3689	0.1742
				D_{12}	0.5540	0.2616
				D_{13}	0.7166	0.3383
				D_{14}	0.0618	0.0292
				D_{15}	0.0876	0.0414
				D_{16}	0.1789	0.0845
		D_2 食品企业	0.7071	D_{21}	0.7665	0.3619
				D_{22}	0.3220	0.1520
				D_{23}	0.4546	0.2146
				D_{24}	0.2950	0.1393
				D_{25}	0.1052	0.0497
				D_{26}	0.0625	0.0295

过多、过细的评价指标，会使数据获取困难，评估成本过高，可操作性差[47]。为此，在表 5-5 所获得各指标权重的基础上，剔除综合权重小于 0.05 的指标。得到表 5-6 的各个评价指标层次总排序情况，从中可以很清晰地看到不同层级指标的单层权重系数和总权重系数。

表 5-6 国内食品安全监管绩效评价体系各评价指标层次总排序

评价指标	学习与成长（A）		监管内部管理（B）			产业发展与市场（C）		利益相关主体（D）		总权重
	0.2692		0.6677			0.1894		0.6677		
	A_1	A_2	B_1	B_2	B_3	C_1	C_2	D_1	D_2	
	0.8944	0.4472	0.6882	0.6882	0.2294	0.7071	0.7071	0.7071	0.7071	
A_{11}	0.6718									0.1618
A_{13}	0.2839									0.0684
A_{14}	0.4241									0.1021
A_{16}	0.5151									0.1240
A_{23}		0.9740								0.1173
B_{11}			0.1883							0.0865
B_{12}			0.2585							0.1188
B_{14}			0.1833							0.0842
B_{15}			0.4562							0.2096
B_{16}			0.1427							0.0656
B_{18}			0.3828							0.1759
B_{19}			0.6637							0.3050
B_{112}			0.1811							0.0832
B_{21}				0.4858						0.2232
B_{22}				0.4696						0.2158
B_{23}				0.5755						0.2644
B_{24}				0.1459						0.0670
B_{25}				0.1856						0.0853
B_{28}				0.3334						0.1532
B_{31}					0.9806					0.1502
C_{11}						0.5293				0.0709
C_{12}						0.7995				0.1071
C_{23}							0.7649			0.1024
C_{26}							0.5617			0.0752

续表

评价指标	学习与成长（A）		监管内部管理（B）			产业发展与市场（C）		利益相关主体（D）		总权重
	0.2692		0.6677			0.1894		0.6677		
	A_1	A_2	B_1	B_2	B_3	C_1	C_2	D_1	D_2	
	0.8944	0.4472	0.6882	0.6882	0.2294	0.7071	0.7071	0.7071	0.7071	
D_{11}								0.3689		0.1742
D_{12}								0.5540		0.2616
D_{13}								0.7166		0.3383
D_{16}								0.1789		0.0845
D_{21}									0.7665	0.3619
D_{22}									0.3220	0.1520
D_{23}									0.4546	0.2146
D_{24}									0.2950	0.1393

由表 5-6 可以看到，对一级指标而言，监管内部管理和利益相关主体的权重系数均为 0.6677，说明专家在看重监管结果的同时，也同样重视食品安全监管的过程管理效果。

对二级指标而言，在学习与成长中，人力资源的权重为 0.8944，要高于学习与创新能力的权重，说明在现阶段人力资源处于更重要的位置；在监管内部管理中，监管行政能力和监管服务水平的权重同为 0.6882，且高于监管廉洁程度，说明食品安全监管内部管理的侧重点应放在监管行政能力和服务水平的提高上；在产业发展与市场中，产业发展与市场环境的权重同为 0.7071，说明政府在重视产业发展的同时，也应同样重视良好市场环境的形成；在利益相关主体中，公众与食品企业权重同为 0.7071，说明专家认为公众在食品安全监管工作中的作用与食品企业同等重要。

对三级指标而言，在人力资源中，食品安全监管人员专业素质、监管人员和监管对象比重、食品安全监管在岗人数是权重相对较大的指标，说明监管人员的质和量的重要性；在学习与创新能力中，公众对食品安全监管改革创新的满意度权重达到 0.9740，说明这一指标适合衡量食品安全监管部门的改革创新能力；在监管行政能力中，食品违法违规案件查处率、食品安全检测能力和监管机构办事效率权重最大，说明监管行政能力的提升重在监管技术支撑的夯实、执法力度的加强和工作效率的提升；在监管服务水平中，监管政策制定的科学性和民主性，标准制定的完善性，监管政策的连续性、稳定性，社会监管渠道完善程度具有相对大的权重，说明完善监管政策和标准制定、建立有效社会监管渠道对提升监管服务水平的重要性；在监管廉洁程度中，监管腐败涉案人员占监管人员比重相对于监管部门工作作风评议来说，可以更客观地反映监管廉洁程度，凡是利用公共权利或是利用对公共资源的控制权谋取非公共利益的行为都可认为是腐败行为[115]；在产业发展中，食品产业占地方生产总值比重、地方食品产业增长率权重最大，说明食品产业发展侧重于从数量和结构上进行衡量；在市场环境中，信用黑名单企业数和消费者监管参与程度权重较大，说明市场信用制度完善和消费者参与监督对于促进食品市场环境的改善有重要的作用；在公众指标下，食品安全事故中毒人数、食品安全事故死亡人数、食品安全事故发病人数权数加大，这些指标能更客观直接地反映公众利益主体的利益损害程度；在食品企业指标下，食品抽检合格率（全指标）、食品企业 QS 许可证获证率、食品企业获得 HACCP 认证率权数较大，说明合理的产品抽检、企业认证是促进食品企业内部监管的较好措施。

从层次总排序来看，权重系数最大的 4 个指标为食品抽检合格率（全指标），食品安全事故发病人数，监管机构办事效率，监管政策的连续性、稳定性，说明这 4 个指标在评价食品安全监管绩效中是最重要的。

第六章　食品安全监管绩效评价实证分析

第一节　数据包络分析方法概述

一、数据包络分析方法的应用背景

在管理和经济生活中常会有这样的问题：需要在单位周期内对各部门或部类进行绩效评估，这样的评估可以根据期初标准进行单独的测量，也可以在标准难以确立的时候，进行之间的相互比较，最终的目的都是评估各部类绩效水平的高低。借用管理决策学派的观点，将每一部门或部类称为决策单元（decision making units，DMU），再引入经济学中“投入—产出”的观点，将决策单元的“消耗”定为输入项，将“消耗”过后产生的“绩效”定为产出项。从这个意义上讲，很容易得出这样的结论：在相同绩效水平下，人力、物力等资源投入越小，决策单元的有效性越高，反之在相同的投入水平下，绩效产出越大越好。

数据包络分析是数学、运筹学、数理经济学和管理科学的一个新的交叉领域。在管理学的应用和研究领域主要集中在使用数学规划（包括线性规划、对偶规划等）模型评估多输入和多输出“部门”或“部类”间的相对有效性。在判定决策单元有效性的时候，是将决策单元投射生产空间，以数据包络线构造的生产前沿面为判定的主要依据，有两点需要加以重视：①生产前沿面本身是一个经济学的模型构造方法，决定了数据包络分析方法具有很强的经济背景，生产前沿面在管理学中的实质是一个“绩效前沿面”；②投入和产出的划分观点，为进一步研究，改进生产前沿面的构造，优化绩效提供了可能。本节将以这两个关键点作为政府监管绩效评估方法创新的重点。

二、数据包络分析基本逻辑框架

数据包络分析（data envelopment analysis，DEA）方法，是由Charnes和Cooper等于1978年提出的，其观念可追溯至1957年Farrell对生产效率所提出的衡量方法。Farrell提出以非预设生产函数形态取代一般常用的预设生产函数形态来评估效率值，利用实际观测点与效率前缘的位置距离关系来求出技术效率

（technical efficiency）；若考虑投入因素的价格比，则可以求出价格效率（price efficiency）；而总效率（overall efficiency）为两者的乘积。事实上，技术效率所代表的意义，即衡量投入的生产资源是否被有效利用，以现有的技术水准获得最大的产出；相同地，价格效率指在既定的技术效率下，使其生产所投入的资源要素成本为最低。

应用DEA方法来评估效率，是建立在帕累托最优的观念上。所谓帕累托最优，指任何人可以在不损及他人的情况下来增加个人的利益。依据帕累托最优的观念，只要求得生产边界后，将实际生产与其生产边界加以比较，即可进行效率的评估。因此，任何单位要达到有效率时须有下列情况。

（1）除非增加投入资源或减少若干其他产出项的产量，否则产出项的产量无法被增加。

（2）除非减少产量或增加若干其他投入项的投入资源，否则投入项的投入资源无法被减少。

DEA方法可视为一种新的“统计”方法。传统的统计方法是从大量样本数据中分析出样本集合整体的一般情况，其本质是统计平均性。DEA方法则是从样本数据中分析出样本集合中处于相对最优情况的样本个体，其本质是个体最优性。DEA方法是致力于将有效样本与非有效样本分离的“边界”方法，克服了错用生产函数的风险及平均性的缺陷。

这是因为，回归统计方法把有效的和非有效的样本混在一起进行回归分析，得出的“生产函数”实质上是“平均生产函数”，是“非有效的”，不符合经济学中关于生产函数的定义。DEA方法则是利用数学规划手段估计有效生产前沿面，从而避免了统计方法的缺陷。这一特点在研究经济学领域中“生产函数”问题时，有着其他方法无法取代的优越性。因此，DEA方法最大的优势在于它是纯技术性的，不需要给定一个带有参数的生产函数形式，而且在比较时不需要考虑量纲归一及指标权重的问题。因此，DEA方法的出现给研究多输入、多输出条件下的生产函数开辟了新的途径。

有关生产边界估计的方法主要有两种，分别是参数法与非参数法。参数法是通过统计学的方法来估计生产边界函数，其主要特性在于必须预先设定生产函数形态，以及对残差项预先做出若干假设。非参数法则是无须预设生产函数形态，也无须估计生产函数的参数。

DEA方法是一种非参数法，可以同时处理多项投入及多项产出的效率评估方法，此法所衡量出来的效率值具有一种“相对的”（relative）的概念，由于是通过所有的投入、产出数据，以数学规划方法找出比较的参考基准（reference technology），即为观察值凸集合（convex set）。依据此参考基准，凡是落在生产前沿面上所有的决策单元，即被认为其产出与投入之间是具有相对效率的；反之，凡是未落在生产前沿面上所有的决策单元，即被认为其产出与投入之间是相对无效率的。另外，这个构造的生产前沿面，不仅可以衡量每个决策单元的相对效率，还可以对无效率的决策单元提出绩效改善的方向。因此，DEA 方法是具有公平性与客观性的绩效评估工具。

第二节　数据包络分析理论基础

一、相关概念界定

决策单元：被评价单位或部门。DEA 方法是通过对投入、产出数据的综合分析来进行效率评价，从投入到产出需经一系列决策才能实现。因此，这样的单元被称为“决策单元”。

生产可能集（T）：设某个决策单元在一项经济活动中的输入向量为 $x=(x_1,\cdots,x_m)$，输出向量为 $y=(y_1,\cdots,y_s)$，简单用 (x,y) 来表示该决策单元的整个生产活动，则称集合 $T=\{(x,y)|\text{产出}y\text{能用输入}x\text{生产出来}\}$ 为所有可能生产活动构成的生产可能集。

一般假设生产可能集（T）满足以下四条公理。

（1）凸性公理。如果 (X,Y) 和 (X',Y') 是生产可能集中的生产活动，则 $(\mu X+(1-\mu)X',\mu Y+(1-\mu)Y')$ 也是生产可能集中的生产活动。这里 $\mu\in[0,1]$ 是任意一个实数。凸性公理是说，原投入的凸组合作为新的投入，则原产出的相同凸组合作为新的产出是可能的。

（2）锥性公理。如果 (X,Y) 是生产可能集中的生产活动，则 (kX,kY) 也是。这里 $k\geqslant 0$。锥性公理是说，若以原投入的 k 倍进行投入，则可以生产原产出的 k 倍。

（3）无效性公理。设 (X,Y) 是生产可能集中的生产活动，若 $X'\geqslant X$，则 (X',Y) 也是；若 $Y'\leqslant Y$，则 (X,Y') 也是。无效性公理是说，以较少的产出和较多的投入是可能的。

（4）最小性公理。生产可能集 T 是满足上述条件所有集合的交集。

参考集：设有 n 个决策单元，DMU_j 对应的输入、输出向量分别为 $x_j=(x_{1j},\cdots,x_{mj})^{\mathrm{T}}$，$y_j=(y_{1j},\cdots,y_{sj})^{\mathrm{T}}$（$j=1,2,\cdots,n$），由于 (x_j,y_j) 是实际观察到的生产活动，有 $(x_j,y_j)\in T(j=1,2,\cdots,n)$，因此称 $(x_j,y_j)(j=1,2,\cdots,n)$ 组成的集合 $T'=\{(x_1,y_1),\cdots,(x_n,y_n)\}$ 为参考集。

技术有效：一般而言，当产出为 Y，如果相应的投入 x 不可能再减少时，这样的生产过程被认为是技术有效的。

规模有效：若对投入规模 x_0，当投入小于 x_0 时，均为规模效益递增状态，而当投入大于 x_0 时则相反。即就投入规模而言，无论大于或是小于 x_0 都不是最好的，称这样的 $\text{DMU}(x_0, f(x_0))$ 为规模有效。

二、基本模型 C²R 模型构建

假设有 n 个决策单元，每个决策单元都有 m 种类型的"输入"和 s 种类型的"输出"，分别表示该单元"耗费的资源"和"工作的成效"，它们可由图 6-1 表示。

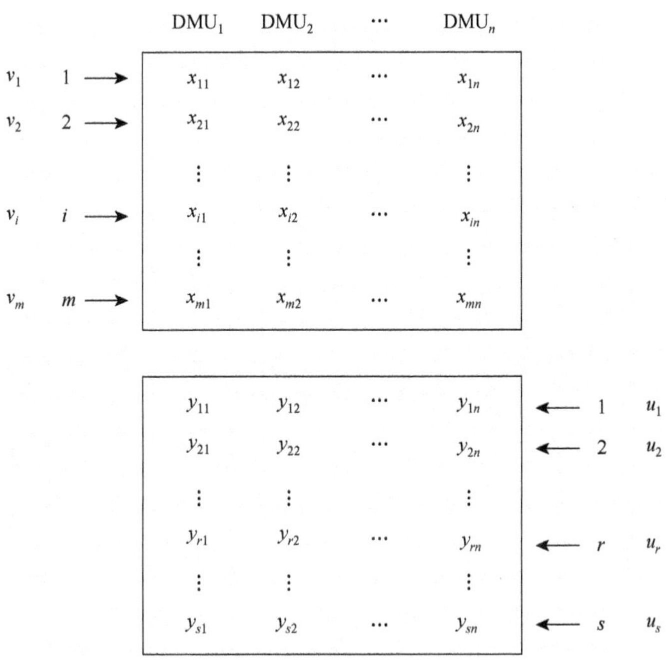

图 6-1　C²R 数据结构图

图中，x_{ij} 为第 j 个决策单元对第 i 种类型输入的投入量；y_{rj} 为第 j 个决策单元对第 r 种类型输出的产出量；v_i 为对第 i 种类型输入的一种度量（权）；u_r 为对第 r 种类型输出的一种度量(权)，而且 $x_{ij}>0$，$y_{rj}>0$，$v_i \geqslant 0$，$u_r \geqslant 0$，$i=1,2,\cdots,m$，$r=1,2,\cdots,s$，$j=1,2,\cdots,n$（x_{ij}, y_{rj} 为已知数据，可以根据历史资料或预测得到，v_i, u_r 为"权"变量）。

对于每一个决策单元 DMU_j 都有相应的效率评价指数 h_j。

$$h_j = \frac{u^{\mathrm{T}} y_i}{v^{\mathrm{T}} x_j} = \frac{\sum_{r=1}^{s} u_r y_{rj}}{\sum_{i=1}^{m} v_i x_{ij}},\ j = 1, 2, \cdots, n$$

我们总可以适当地取权系数 v 和 u，使得 $h_j \leqslant 1$，$j = 1, \cdots, n$ 。

对第 j_0 个决策单元进行效率评价，一般说来，h_{j_0} 越大表明 DUM_{j_0} 能够用相对较少的输入而取得相对较多的输出。这样如果对 DUM_{j_0} 进行评价，看 DUM_{j_0} 在这 n 个 DMU 中相对来说是不是最优的，考察当尽可能地改变权重时 h_{j_0} 的最大值。

如以第 j_0 个决策单元的效率指数为目标，以所有决策单元的效率指数为约束，就构造了如下的 $\mathrm{C^2R}$ 模型：

$$\begin{cases} \max h_{j_0} = \dfrac{\sum_{r=1}^{s} u_r y_{rj_0}}{\sum_{i=1}^{m} v_i x_{ij_0}} \\ \text{s.t. } \dfrac{\sum_{r=1}^{s} u_r y_{rj}}{\sum_{i=1}^{m} v_i x_{ij}} \leqslant 1,\ j = 1, 2, \cdots, n \\ u \geqslant 0,\ v \geqslant 0 \end{cases}$$

上述规划模型是一个分式规划，利用 Charnes 和 Cooper 关于分式规划的 Charnes-Cooper 变换，令 $t = \dfrac{1}{v^{\mathrm{T}} x_0}$，$w = tv$，$\mu = tu$，由 $t = \dfrac{1}{v^{\mathrm{T}} x_0}$ 得 $w^{\mathrm{T}} x_0 = 1$，

可变为如下的线性规划模型（$P_{\mathrm{C^2R}}$）：

$$(P_{\mathrm{C^2R}}) \begin{cases} \max h_{j_0} = \mu^{\mathrm{T}} y_0 \\ \text{s.t. } w^{\mathrm{T}} x_j - \mu^{\mathrm{T}} y_j \geqslant 0,\ j = 1, 2, \cdots, n \\ w^{\mathrm{T}} x_0 = 1 \\ w \geqslant 0,\ \mu \geqslant 0 \end{cases}$$

式中，w 和 μ 分别为输入指标和输出指标的权系数。

三、转换为对偶模型后求解

线性规划模型 $(P_{\mathrm{C^2R}})$ 进行推导变换得到其对偶规划模型 $(D_{\mathrm{C^2R}})$：

$$
(D_{C^2R})\begin{cases}\min\theta \\ \text{s.t. } \sum_{j=1}^{n}\lambda_j x_j + s^- = \theta x_0 \\ \sum_{j=1}^{n}\lambda_j y_j - s^+ = y_0 \\ \lambda_j \geqslant 0\end{cases} \quad (j=1,2,\cdots,n,\ \ s^+\geqslant 0,\ s^-\geqslant 0)
$$

在应用模型(P_{C^2R})和(D_{C^2R})评价决策单元是否为DEA有效时并不直接，而且计算很烦琐。为此，Charnes 在处理线性规划的退化问题时，在非阿基米德（Archimedes）域上引入了非阿基米德无穷小的基础上，给出了摄动法。对于模型(D_{C^2R})，Charnes 和 Cooper 给出了相应的具有非阿基米德无穷小量ε的模型：

$$
(D_{C^2R})\begin{cases}\min[\theta - \varepsilon(e_1^{\mathrm{T}} s^- + e_2^{\mathrm{T}} s^+)] \\ \text{s.t. } \sum_{j=1}^{n}\lambda_j x_j + s^- = \theta x_0 \\ \sum_{j=1}^{n}\lambda_j y_j - s^+ = y_0 \\ \lambda_j \geqslant 0\end{cases} \quad (j=1,2,\cdots,n,\ \ s^+\geqslant 0,\ s^-\geqslant 0)
$$

式中，e_1^{T}和e_2^{T}分别为元素均为1的m维向量和s维向量；ε为阿基米德无穷小量；$s^- = (s_1^-, s_2^-, \cdots, s_m^-)^{\mathrm{T}}$，$s^+ = (s_1^+, s_2^+, \cdots, s_m^+)^{\mathrm{T}}$，为松弛变量。

设以上线性规划的最优解为λ^*、s^{-*}、s^{+*}、θ^*，则有如下判定规则。

（1）若$\theta^*=1$，s^{-*}、s^{+*}的分量存在非零值，则DMU_0为弱DEA有效（$\mathrm{C^2R}$）。如果某个s^{-*}的分量大于0，则表示某种输入指标没有被充分利用；如果某个s^{+*}的分量大于0，则表示某种输出指标还有增大的可能。

（2）若$\theta^*=1$，$s^{-*}=s^{+*}=0$，则DMU_0为DEA有效（$\mathrm{C^2R}$），表示DMU_0的生产活动同时为技术有效和规模有效，各种资源得到充分利用，取得了最大的输出效果。

（3）若$\theta^*<1$，则DMU_0为DEA无效（$\mathrm{C^2R}$），表示DMU_0的生产活动既不是技术有效，也不是规模有效，生产活动的输入规模过大，产出水平没有达到最佳规模。

（4）若$\frac{1}{\theta^*}\cdot\sum_{j=1}^{n}\lambda_j^*=1$，则$\mathrm{DMU}_0$的规模效益不变，表示生产规模最佳。

（5）若$\frac{1}{\theta^*}\cdot\sum_{j=1}^{n}\lambda_j^*<1$，则$\mathrm{DMU}_0$的规模效益递增，表示输出增量的相对百分比大于输入增量的相对百分比。

（6）若 $\frac{1}{\theta^*}\cdot\sum_{j=1}^{n}\lambda_j^*>1$，则 DMU_0 的规模效益递减，表示输入增量的相对百分比大于输出增量的相对百分比。

（7）设 $\hat{X}_0=\theta^*\times X_0-s^{-*}$，$\hat{Y}_0=Y_0+s^{+*}$，则 $(\hat{X}_0,\hat{Y}_0)$ 相对于原来的 n 个决策单元是 DEA（C^2R）有效的。

第三节　评价指标体系构建

本书以河南省 18 个省辖市政府食品安全监管的有关数据进行绩效评价，可以把每个地区看作是同类型的决策单元，其监管过程可以认为是将一定量的监管投入转化为监管业绩的过程。

美国学者 Smith 等认为，应该减少输入或输出项变量，才能提高 DEA 效率的区别能力。但是，在小样本的情况下，变量如果均相当重要却被删除，可能会使样本无法完全反映系统原有的信息，同样也不能得到准确的效率值。本书在第五章建立的评价指标体系中，共有 32 个指标，而决策单元 DMU 的数量为 18 个，分别为：DMU_1，郑州；DMU_2，开封；DMU_3，洛阳；DMU_4，平顶山；DMU_5，安阳；DMU_6，鹤壁；DMU_7，新乡；DMU_8，焦作；DMU_9，濮阳；DMU_{10}，许昌；DMU_{11}，漯河；DMU_{12}，三门峡；DMU_{13}，南阳；DMU_{14}，商丘；DMU_{15}，信阳；DMU_{16}，周口；DMU_{17}，驻马店；DMU_{18}，济源。

本书的实证分析是基于 2011 年短期内监管数据的评价，对于监管人员数量指标，只选取监管人员数量（在岗人数）指标较合适。在遵循定性指标和定量指标相结合评价方法的基础上，在指标体系中尽可能减少定性指标的比例，因此把公众对食品安全监管改革创新的满意度、食品安全监管人员专业素质、食品安全检测能力、监管机构办事效率和监管机构信息化水平 5 个指标合并为监管服务能力指标；将监管政策制定的科学性和民主性，标准制定的完善性，监管政策的连续性、稳定性，法规政策及时传达贯彻，以及食品安全监管政策的公开性 5 个指标合并为政策制度的科学性、完善性、有效性；将社会监管渠道完善程度、消费者监管参与程度 2 个指标合并为社会监管完善性；把食品安全事故中毒人数、食品安全事故发病人数 2 个指标合并为食品安全事故中毒（发病）人数；考虑到有些食品企业可能同时通过 QS 许可、HACCP 认证，为了数据采集的便捷和准确，把食品企业 QS 许可证获证率、食品企业获得 HACCP 认证率合并为食品企业认证 QS 或 HACCP 认证率。

下面分别以 I 和 O 标注输入指标和输出指标，改进后的国内食品安全监管绩效评价指标体系见表 6-1。

表 6-1　改进后的国内食品安全监管绩效评价指标体系

指标类型	指标名称	指标代码
I	监管人员数量（在岗人数）	I_1
	监管经费占地方财政支出比重	I_2
	食品监管经费占地方 GDP 比重	I_3
	居民人均监管经费	I_4
O	食品法规案件查处率	O_1
	食品违规处罚到位率	O_2
	监管服务能力	O_3
	政策制度的科学性、完善性、有效性	O_4
	社会监管完善性	O_5
	监管腐败涉案人员占监管人员比重	O_6
	食品产业占地方 GDP 比重	O_7
	地方食品产业增长率	O_8
	信用黑名单企业数	O_9
	食品安全事故中毒（发病）人数	O_{10}
	食品安全事故死亡人数	O_{11}
	食品安全事故发案数	O_{12}
	食品抽检合格率（全指标）	O_{13}
	食品企业认证 QS 或 HACCP 认证率	O_{14}

第四节　评 价 过 程

本章所进行 DEA 评价所需要的数据主要有三个来源：一是 2011 年的《中国卫生统计年鉴》；二是河南省食品安全监管部门的内部统计资料；三是通过问卷调查收集的数据。

在表 6-1 的指标体系中，存在三种性质的指标：一是正指标，即指标值越大，所表示的实际成果越大；二是逆指标，即指标值越大，所表示的实际成果越低；三是适度指标，即指标值在某一区间表示最优水平。对不同类型的指标进行无量纲化处理时，应用如下不同的方法。

若设原始的指标值为 x_i，处理后的指标值为 x_i'，具体处理公式如下。

正指标：

$$x_i = x_i'$$

逆指标：

$$x_i = 1 - x_i'$$

适度指标：

$$x_i = \frac{1}{\left|x_i - \overline{x}_i\right|}$$

采集并整理后的决策单元数据见表 6-2。

表 6-2　采集并整理后的决策单元数据

	DMU_1	DMU_2	DMU_3	DMU_4	DMU_5	DMU_6	DMU_7	DMU_8	DMU_9	DMU_{10}
I_1	37 820	13 808	21 602	13 600	14 379	3 728	17 992	10 708	8 713	9 814
I_2	1.670 0	1.080 0	1.290 0	1.010 0	0.920 0	0.940 0	0.890 0	0.860 0	1.030 0	0.940 0
I_3	0.326 0	0.196 0	0.248 0	0.197 0	0.182 0	0.169 0	0.161 0	0.157 0	0.196 0	0.171 0
I_4	173.124 0	137.896 0	83.860 0	123.890 0	129.460 0	124.130 0	137.720 0	113.480 0	131.980 0	123.550 0
O_1	0.985 0	0.948 0	0.970 0	0.965 0	0.790 0	0.980 0	0.970 0	0.990 0	0.960 0	0.940 0
O_2	0.990 0	0.980 0	0.960 0	0.990 0	0.665 0	0.970 0	0.980 0	1.000 0	0.970 0	0.960 0
O_3	0.795 5	0.599 5	0.778 5	0.690 0	0.732 5	0.645 0	0.735 0	0.815 0	0.717 5	0.590 0
O_4	0.932 0	0.937 0	0.948 0	0.861 5	0.809 5	0.847 0	0.837 0	0.856 0	0.908 5	0.888 5
O_5	0.555 0	0.538 5	0.515 0	0.449 5	0.392 5	0.544 0	0.486 5	0.525 5	0.426 5	0.444 0
O_6	0.985 0	0.982 0	0.995 0	0.988 0	0.993 0	0.997 0	0.992 0	0.987 0	0.995 0	0.991 0
O_7	0.320 0	0.180 0	0.232 0	0.195 0	0.168 0	0.190 0	0.145 0	0.173 0	0.150 0	0.230 0
O_8	0.186 0	0.125 0	0.159 0	0.130 0	0.090 0	0.128 0	0.070 0	0.112 0	0.138 0	0.160 0
O_9	0.564 1	0.615 4	0.538 5	0.589 7	0.461 5	0.538 5	0.282 1	0.564 1	0.743 6	0.538 5
O_{10}	0.985 6	0.995 2	0.942 3	0.966 3	0.995 2	0.923 1	0.966 3	0.908 7	0.884 6	0.990 4
O_{11}	1.000 0	1.000 0	1.000 0	1.000 0	1.000 0	1.000 0	1.000 0	1.000 0	0.500 0	1.000 0
O_{12}	0.974 4	0.948 7	0.974 4	0.974 4	0.974 4	0.974 4	0.974 4	0.948 7	0.923 1	0.974 4
O_{13}	0.945 0	0.892 0	0.961 0	0.924 0	0.972 0	0.931 0	0.956 0	0.942 0	0.925 0	0.970 0
O_{14}	0.945 0	0.892 0	0.961 0	0.924 0	0.972 0	0.931 0	0.956 0	0.942 0	0.925 0	0.970 0

	DMU_{11}	DMU_{12}	DMU_{13}	DMU_{14}	DMU_{15}	DMU_{16}	DMU_{17}	DMU_{18}
I_1	6 681	5 761	23 530	17 756	12 697	19 623	14 767	37 933
I_2	1.120 0	0.760 0	0.880 0	0.920 0	0.810 0	0.720 0	0.920 0	0.910 0
I_3	0.202 0	0.137 0	0.158 0	0.167 0	0.146 0	0.131 0	0.166 0	0.164 0
I_4	120.620 0	123.820 0	143.120 0	148.090 0	152.700 0	156.110 0	153.220 0	92.780 0

续表

	DMU_{11}	DMU_{12}	DMU_{13}	DMU_{14}	DMU_{15}	DMU_{16}	DMU_{17}	DMU_{18}
O_1	0.970 0	0.950 0	0.976 0	0.960 0	0.982 0	0.940 0	0.950 0	0.995 0
O_2	0.950 0	0.945 0	0.990 0	0.780 0	0.740 0	0.940 0	0.920 0	0.940 0
O_3	0.439 0	0.247 0	0.368 5	0.272 5	0.356 5	0.327 5	0.255 5	0.835 0
O_4	0.885 0	0.859 0	0.935 5	0.621 0	0.610 0	0.807 0	0.867 5	0.866 5
O_5	0.404 0	0.380 5	0.501 5	0.392 0	0.374 0	0.470 0	0.491 5	0.501 0
O_6	0.982 0	0.993 0	0.987 0	0.995 0	0.991 0	0.987 0	0.985 0	0.995 0
O_7	0.372 0	0.120 0	0.140 0	0.150 0	0.160 0	0.250 0	0.210 0	0.142 0
O_8	0.230 0	0.060 0	0.080 0	0.032 0	0.074 0	0.106 0	0.117 0	0.132 0
O_9	0.641 0	0.589 7	0.307 7	0.410 3	0.512 8	0.589 7	0.307 7	0.769 2
O_{10}	0.985 6	0.903 8	0.923 1	0.937 5	0.899 0	0.884 6	0.913 5	0.995 2
O_{11}	1.000 0	0.750 0	1.000 0	1.000 0	0.750 0	1.000 0	1.000 0	1.000 0
O_{12}	0.948 7	0.897 4	0.923 1	0.948 7	0.897 4	0.871 8	0.923 1	0.948 7
O_{13}	0.945 0	0.928 0	0.962 0	0.780 0	0.830 0	0.980 0	0.940 0	0.970 0
O_{14}	0.945 0	0.928 0	0.962 0	0.780 0	0.830 0	0.980 0	0.940 0	0.970 0

采用 DEA 方法，构建C^2R模型，利用 Matlab 的 LP 工具，计算输出结果见表 6-3～表 6-5。

表 6-3　利用 Matlab 的 LP 工具计算的输出结果（1）

	DMU_1	DMU_2	DMU_3	DMU_4	DMU_5	DMU_6	DMU_7	DMU_8	DMU_9
θ	0.7627	0.8907	1.0000	0.9401	0.9879	1.0000	0.9936	1.0000	1.0000
	DMU_{10}	DMU_{11}	DMU_{12}	DMU_{13}	DMU_{14}	DMU_{15}	DMU_{16}	DMU_{17}	DMU_{18}
θ	1.0000	1.0000	1.0000	0.9973	0.9030	0.9687	1.0000	0.9166	1.0000

表 6-4　利用 Matlab 的 LP 工具计算的输出结果（2）

	DMU_1	DMU_2	DMU_3	DMU_4	DMU_5	DMU_6
s^{-*}	1286.403 251 4	0.000 003 1	0.000 000 0	0.000 000 0	0.000 000 0	0.000 000 0
	0.000 000 0	0.007 684 0	0.000 000 0	0.000 000 0	0.000 000 0	0.000 000 0
	0.018 434 6	0.000 000 0	0.000 000 0	0.011 552 8	0.014 459 5	0.000 000 0
	0.000 000 0	0.000 000 0	0.000 000 0	0.000 000 0	0.000 000 0	0.000 000 0
	DMU_7	DMU_8	DMU_9	DMU_{10}	DMU_{11}	DMU_{12}
s^{-*}	0.000 000 0	0.000 000 0	0.000 000 0	0.000 034 1	0.000 000 0	0.000 058 5
	0.005 590 9	0.000 000 0	0.000 000 0	0.000 000 0	0.000 000 0	0.000 000 0
	0.000 000 0	0.000 000 0	0.000 000 0	0.000 000 0	0.000 000 0	0.000 000 0
	9.028 836 9	0.000 000 0	0.000 000 0	0.000 000 3	0.000 000 0	0.000 000 8

续表

	DMU_{13}	DMU_{14}	DMU_{15}	DMU_{16}	DMU_{17}	DMU_{18}
	9 984.149 631 9	1 111.462 924 6	0.000 000 0	0.000 000 0	0.000 000 1	0.000 002 8
s^{-*}	0.009 154 2	0.001 839 8	0.004 168 4	0.000 000 0	0.005 428 6	0.000 000 0
	0.000 000 0	0.000 000 0	0.000 000 0	0.000 000 0	0.000 000 0	0.000 000 0
	0.000 000 0	0.000 000 0	7.832 821 6	0.000 000 0	0.000 000 0	0.000 000 0

表 6-5　利用 Matlab 的 LP 工具计算的输出结果（3）

	DMU_1	DMU_2	DMU_3	DMU_4	DMU_5	DMU_6
	0.236 633 2	0.126 636 7	0.000 000 0	0.025 936 7	0.276 678 8	0.000 000 0
	0.186 168 7	0.104 073 9	0.000 000 0	0.004 293 1	0.402 479 6	0.000 000 0
	0.000 000 0	0.267 678 3	0.000 000 0	0.000 000 0	0.000 000 0	0.000 000 0
	0.160 152 3	0.000 000 0	0.000 000 0	0.032 816 5	0.120 052 7	0.000 000 0
	0.009 673 4	0.027 119 3	0.000 000 0	0.039 878 1	0.144 420 5	0.000 000 0
	0.244 852 1	0.093 459 9	0.000 000 0	0.022 946 9	0.084 497 8	0.000 000 0
s^{+*}	0.000 000 0	0.011 523 4	0.000 000 0	0.010 802 1	0.014 983 0	0.000 000 0
	0.038 874 3	0.000 000 0	0.000 000 0	0.007 747 2	0.023 365 3	0.000 000 0
	0.306 296 8	0.000 118 4	0.000 000 0	0.000 000 0	0.180 312 7	0.000 000 0
	0.244 644 7	0.000 000 0	0.000 000 0	0.000 000 0	0.000 000 0	0.000 000 0
	0.243 989 4	0.084 558 7	0.000 000 0	0.000 473 8	0.041 638 3	0.000 000 0
	0.206 708 8	0.085 474 4	0.000 000 0	0.000 000 0	0.041 956 6	0.000 000 0
	0.246 116 3	0.135 765 3	0.000 000 0	0.049 129 7	0.058 286 5	0.000 000 0
	0.246 116 3	0.135 765 3	0.000 000 0	0.049 129 7	0.058 286 5	0.000 000 0
	DMU_7	DMU_8	DMU_9	DMU_{10}	DMU_{11}	DMU_{12}
	0.062 650 8	0.000 000 0	0.000 000 0	0.000 000 0	0.000 000 0	0.000 000 0
	0.050 486 0	0.000 000 0	0.000 000 0	0.000 000 0	0.000 000 0	0.000 000 0
	0.000 000 0	0.000 000 0	0.000 000 0	0.000 000 0	0.000 000 0	0.000 000 0
	0.055 317 0	0.000 000 0	0.000 000 0	0.000 000 0	0.000 000 0	0.000 000 0
	0.049 797 0	0.000 000 0	0.000 000 0	0.000 000 0	0.000 000 0	0.000 000 0
	0.051 120 7	0.000 000 0	0.000 000 0	0.000 000 0	0.000 000 0	0.000 000 0
s^{+*}	0.053 092 3	0.000 000 0	0.000 000 0	0.000 000 0	0.000 000 0	0.000 000 0
	0.049 750 4	0.000 000 0	0.000 000 0	0.000 000 0	0.000 000 0	0.000 000 0
	0.351 935 8	0.000 000 0	0.000 000 0	0.000 000 0	0.000 000 0	0.000 000 0
	0.000 000 0	0.000 000 0	0.000 000 0	0.000 000 0	0.000 000 0	0.000 000 0
	0.055 602 1	0.000 000 0	0.000 000 0	0.000 000 0	0.000 000 0	0.000 000 0
	0.006 792 4	0.000 000 0	0.000 000 0	0.000 000 0	0.000 000 0	0.000 000 0
	0.052 732 3	0.000 000 0	0.000 000 0	0.000 000 0	0.000 000 0	0.000 000 0
	0.052 732 3	0.000 000 0	0.000 000 0	0.000 000 0	0.000 000 0	0.000 000 0

续表

	DMU13	DMU14	DMU15	DMU16	DMU17	DMU18
	0.088 860 7	0.043 234 8	0.000 000 0	0.000 000 0	0.037 430 5	0.000 000 0
	0.073 944 5	0.224 575 5	0.240 704 7	0.000 000 0	0.070 852 4	0.000 000 0
	0.138 076 5	0.312 175 4	0.000 000 0	0.000 000 0	0.249 527 6	0.000 000 0
	0.000 000 0	0.250 289 1	0.255 412 9	0.000 000 0	0.000 000 0	0.000 000 0
	0.000 000 0	0.110 151 2	0.073 567 5	0.000 000 0	0.000 000 0	0.000 000 0
	0.110 108 1	0.030 286 6	0.031 580 7	0.000 000 0	0.037 879 5	0.000 000 0
s^{+*}	0.051 458 7	0.047 937 2	0.024 282 9	0.000 000 0	0.008 673 8	0.000 000 0
	0.020 450 7	0.075 199 4	0.013 300 7	0.000 000 0	0.000 000 0	0.000 000 0
	0.344 259 7	0.198 035 3	0.093 311 4	0.000 000 0	0.282 577 7	0.000 000 0
	0.077 893 7	0.000 000 0	0.027 257 2	0.000 000 0	0.029 476 7	0.000 000 0
	0.000 000 0	0.000 000 0	0.158 472 0	0.000 000 0	0.006 197 9	0.000 000 0
	0.082 554 7	0.000 000 0	0.025 136 3	0.000 000 0	0.024 804 5	0.000 000 0
	0.089 028 5	0.210 345 6	0.151 910 6	0.000 000 0	0.052 509 6	0.000 000 0
	0.089 028 5	0.210 345 6	0.151 910 6	0.000 000 0	0.052 509 6	0.000 000 0

第五节　结 果 分 析

DEA 有效决策单元为：DMU_3、DMU_6、DMU_8、DMU_9、DMU_{11}、DMU_{16}。这些决策单元$\theta^*=1$，$s^{-*}=s^{+*}=0$，说明其 DEA 有效（C^2R），即表示DMU_0的生产活动同时为技术有效和规模有效，各种资源得到充分利用，取得了最大的输出效果。DEA 有效决策单元对应的地区为：DMU_3，洛阳；DMU_6，鹤壁；DMU_8，焦作；DMU_9，濮阳；DMU_{11}，漯河；DMU_{16}，周口。结果反映出这些地市在食品安全监管投入、产出的相对最优性，即它们的投入、产出在技术上有效，在规模收益上处于最优，同时投入和产出各项指标实际值与投影值完全相同，相应的调整量均为 0，表明这些地市的投入水平和产出水平均达到相对最佳状态，上述结果与实际情况基本一致。这些地市在河南省食品安全工作领导小组办公室的食品安全考核中，被评为“食品安全优秀城市”。在这些城市管辖的县区中，洛阳市的宜阳县，鹤壁市的淇滨区、山城区和鹤山区，焦作市的山阳区和马村区，漯河市的经济开发区，周口市的西华县和郸城县在 2011 年度被评为“省级食品安全示范县（市、区）”，并通过验收。

DEA 弱有效决策单元为：DMU_{10}、DMU_{12}、DMU_{18}。这些决策单元$\theta^*=1$，s^{-*}、s^{+*}的分量存在非零值，说明其 DEA 弱有效（C^2R）。如果某个s^{-*}的分量大于 0，则表示某种输入指标没有被充分利用；如果某个s^{+*}的分量大于 0，则表示某种输出指标还有增大的可能。DEA 弱有效决策单元对应的地区为：DMU_{10}，许昌；DMU_{12}，三门峡；DMU_{18}，济源。这 3 个地市对应的决策单元都存在某个 s^{-*} 的分量大于 0 的情况，这和许昌市、三门峡市在监管人员投入相对不足、监管资源分配不尽合理有一定的关系。济源作为省内下辖县区较少、食品企业数量不多的地市，监管工作相对灵活，法规制度贯彻相对顺畅才符合实际情况，但是 2011 年济源双汇食品有限公司发生的“瘦肉精”事件也反映了济源市在监管工作中存在执法不严、有法不依甚至徇私舞弊的情况。

DEA 无效决策单元有：DMU_1、DMU_2、DMU_4、DMU_5、DMU_7、DMU_{13}、DMU_{14}、DMU_{15}、DMU_{17}。这些决策单元 $\theta^* < 1$，说明其 DEA 无效（C^2R）。即表示 DMU_0 的生产活动既不是技术有效，也不是规模有效，生产活动的输入规模过大，产出水平没有达到最佳规模。DEA 无效决策单元对应的地区为：DMU_1，郑州；DMU_2，开封；DMU_4，平顶山；DMU_5，安阳；DMU_7，新乡；DMU_{13}，南阳；DMU_{14}，商丘；DMU_{15}，信阳；DMU_{17}，驻马店。其中，郑州市作为省会城市，也是全国交通枢纽城市，既有数量较多的食品生产企业，也有相对数量的食品流通企业。流通领域食品安全监管范围广、涉及产品众多，监管难度很大，尽管郑州在食品安全资源投入较多，但监管资源配置合理性、监管部门间协调性、监管资源使用效率等使监管产出水平没有达到最佳规模。开封市在 2011 年河南省食品安全工作考核评价中，虽然被评为“河南省食品安全优秀城市”，但是在实证结果中却显示 DEA 无效，究其原因，与 2011 年开封市通许县死猪肉流入市场事件造成的影响有关系。其他几个地市食品产业发展不突出，有些地市下辖范围包含偏远贫困山区，监管机构的“倒金字塔”结构会造成基层监管机构的人员配备不足、财政投入较少，监管法规制度无法顺畅贯彻执行，而公众也没有有效的渠道参与食品安全监督工作。

第七章　食品安全监管绩效改进对策和建议

第一节　完善食品安全监管体制

一、推进渐进式的集中监管体制改革

（一）国外食品安全监管体制模式

食品安全监管由过去分段监管改为食品药品监督管理部门统一监管，健全了从中央到地方直至基层食品药品安全监管体制，进一步明确了食品药品监督管理部门与相关部门的职责分工，增强了食品安全监管的科学性和有效性。监管主体进一步集中，形成以农业、食品药品为监管主体，国家卫计委为科技支撑，国务院食品安全委员会为综合协调的两段式监管新格局。

对于食品安全监管体制的选择路径，国外实践可以归纳为以下三种模式：一是集中模式（单一部门模式）。该模式是将所有与食品安全有关的活动统一到一个独立的食品安全监管机构，由这一机构对食品的生产、流通、消费和贸易全过程进行统一监管，彻底解决部门间的分割与不协调问题。这种模式的优点是组织层次简单、职责明确、监管统一、责权高度一致、组织内协调性高。二是分散模式（多部门模式）。该模式是由多个政府部门共同负责全国的食品安全监管工作，职责分工不明，各部门之间存在职责重叠与空白，整体框架较杂乱。三是集中和分散相结合模式（综合模式）。该模式是由三四个部门负责与食品相关的监管工作，还有数十个辅助部门提供支持服务。食品安全管理机构分布在不同的部门，通过较为明确的管理主体分工来避免机构间的不协调问题，其重要特征是根据食品类别或按照环节进行分工。该模式以统分结合为基石，建立以分为主基础上的适度协调，以统为主基础上的力量集中模式。

此外，联合国粮农组织和世界卫生组织于 2003 年联合出版了《保障食品的安全和质量：强化国家食品控制体系指南》，提出了食品安全监管体系在国家层面的适宜模式：对食品安全管理体系进行协调整合的整合型模式（integrated system）。即以国家统一方式负责食品安全控制的体系，并在国家食品安全监督协调机构的统一整合下，按照食品“从农田到餐桌”的食物链实施完整、系统的监控，从而形成各部门分工明确、协调配合的管理机制。

（二）我国食品安全监管体制模式改革思路

近年来发达国家食品安全监管改革的发展趋势，是从过去多头监管向现在的集中统一监管转变，从过去重视食物供应链的重点环节监管向现在的加强食物供应链的全过程监管转变。如果不考虑监管主体现状和环境，集中式监管是比分阶段式监管效率更高、效果更好的监管体制；体现在监管机构的合并及重组、能使决策权和领导权集中、有利于明确监管重点和合理配置资源；集中式监管可以改变我国目前行政监管机构各自为政的现象，提高食品安全监管的工作力度与效率；可以消除部门之间职能重叠和空缺，减少人力、资金和设备的浪费，提高效率；可以减少食品违法处理中的协调成本，也降低了多部门协调处理带来的风险；由于可以直接向上级组织汇报，省去不少繁杂的程序，减少了行政成本，并可发挥规模经济的效用。

食品安全监管体制的改革涉及多部门、多级别的行政机构，是一项过程复杂、要求严格的系统工程。同时，目前我国行政体制下也没有部门可以独立行使食品安全监管的行政职责。因此，依靠行政命令照搬国外发达国家的监管经验，直接推行集中模式的食品安全监管体制是不可行的。

我国监管体制改革的思路是：以建立渐进式的统一监管体制为目标进行体制改革。从近期来看，实行多部门监管体系转变为单部门监管体系；从长期来看，实行某些食品类别由单一部门集中监管，最终实现单一部门对所有食品的统一监管[116]。

现阶段加快大部制改革，在总结改革试点经验的基础上，实行分阶段的、逐步将尚属于质监和农业部门负责生产环节的监管权和尚属于工商负责流通环节的监管权划入国家食品药品监督管理总局。可以实行自下而上的方式，根据实际情况逐步实现监管体系和职能的过渡[117]。通过逐步减少监管环节的“段数”来渐进缓解监管混乱的局面。在尚未实现统一监管时，必须加强国务院食品安全委员会的协调职能，充分发挥国务院食品安全委员会在分段监管模式下的协调职能。

二、提高食品安全监管协调能力

《食品安全法》对于监管协调问题有明确的规定，具体分为两个层次：第一，在国家层面，国务院食品安全委员会作为最高层次的议事协调机构，负责协调解决食品安全中的重大问题。国务院卫生行政部门承担食品安全综合协调职责，负责食品安全风险评估、食品安全标准制定、食品安全信息公布、食品检验机构的资质认定条件和检验规范的制定，组织查处食品安全重大事故。第二，在地方层面，县级以上地方人民政府统一负责、领导、组织、协调本行政区域的食品安全监督管理工作。食品监管协调机制是我国现行食品安全监管体制所必需的，从某种意义上讲，它可以作为分段监管的一种“制衡机制”[118]。但在实践过程仍存在一些问题：食品监管机构之间协调动机的薄弱、协调目标的模糊及协调制度的缺失，通常使协调难以落实，以至于无法消除“分段监管”的缺陷。

在国家层面，需要进一步明确国务院食品安全委员会的职责和属性，把食品安全委员会确定为一个享有行政管理职权的行政主体，应赋予国务院食品安全委员会直接监督管理各监管部门的职能，改变目前各地食品安全委员会无具体实权的现状；提高国务院食品安全委员会的地位，使其成为独立的有实权的常设机构，受国务院总理的直接领导，级别略高于其他监管部门，使其更能公平地开展食品安全监管工作。

在地方政府，明确本地区各职能部门监管职责的同时，还应具备跨区域食品安全监管的协同制度；在强化工商、质监等各监管部门垂直业务管理的情况下，同时要保证地方政府权责一致；地方要正确处理食品安全监管和经济增长的关系，建立合理的绩效考核机制，规避通过地方保护的手段促进 GDP 增长。

按环节监管和分级管理的组织机构，必然会在各职能部门之间、各地方政府之间、各级别政府之间产生监管空白和监管重叠的情况。因此，良好的信息沟通机制至关重要。信息沟通是一个组织中或组织与组织之间联系在一起以实现其共同目标的手段。因为没有信息沟通或传递，协调是不可能实现的。目前我国食品安全监管部门之间缺乏规范的信息沟通机制，信息分享机制也接近空白。监管部门之间的信息沟通大多是上下级之间非正式的口头汇报、报告或官方内部负责人会议知悉，正式的官方文件较少。而食品安全监管信息沟通机制的核心是信息沟通或分享的及时性，沟通或分享方式的多样化、制度化，沟通程序的规范化。

第二节　完善食品安全法律法规

食品安全法律法规是国家运用法律手段对食品生产经营者提供安全食品的行为进行调整的基本途径。为保证食品安全，各国都建立了比较成熟完善的法律体系，覆盖食品供应链各个环节。我国也制定并颁布了《食品安全法》，但由于历史原因，其与原来已经存在并继续发挥作用的《产品质量法》《消费者权益保护法》《食品卫生法》《生猪屠宰管理条例》等相关法律法规之间的协调性还比较差，其他食品安全方面的配套法律法规也处于空白，不足以从法律法规层面满足食品安全监管的需要。此外，这部法律虽具有较强的针对性，但强调制裁是这部法律的一个主要特点，关注的是事后的补救，忽略了事前的预防和综合性管理等方面。因此，有关食品安全方面的行政法规、规章的制定和完善工作，需在以下几个方面加强。

（1）充实现有食品安全相关法律法规。《食品安全法》在食品安全法律法规方面相对以前有很大的完善；但其缺乏一定的细则，有些则缺乏法律释义，需要进一步充实内容，把一些概括性的东西明确化，并配套相应的解释和有利于各部门深入解读的规章制度，从而杜绝那种惩罚时却找不到依据的情况发生。同时，为了保证法律体系的统一性，减少立法和执法过程中存在的冲突，有必要对现有的食品安全法律法规做一个系统的整合。

（2）严格食品安全法律责任。首先，从民事责任的角度加大惩罚性赔偿力度，将道德责任与社会责任法律化；对不履行社会责任，违法从事生产经营的食品制售者追究责任的最好方式是严格的惩罚性赔偿；在提高现有赔偿额度的基础上，从精神损害赔偿上加重企业责任，将制售者的社会责任和道德责任转化为精神损害赔偿责任。其次，从行政处罚的角度加大处罚力度，对于食品安全事件的行政处罚采取多种处罚手段并用方式。最后，从刑事责任的角度加重制售者个人或企业的刑事责任，适当拓宽刑种适用范围，从严认定食品制售者的行政违法行为，将“轻刑化”的刑事审判政策作为食品安全案件量刑适用的例外。

（3）强化食品安全配套法规的规划工作，明确有关监管部门制定法规的权限，避免“行政法规部门化，部门利益法制化”；解决监管机构之间法规的矛盾和冲突，使整个法律法规体系协调一致，无缝衔接，形成闭环。以现有的《食品安全法》为基本导向，建立一套包括具体的食品安全相关法律法规在内的系统、全面的食品安全法律体系。既包括基本的《食品安全法》，也包括具体阐述《食品安全法》某一方面的部门法，相信这样的法律体系会对我国食品安全的监管工作起到积极的作用。

（4）建立食品安全公益诉讼制度。食品安全监管的重点固然在事前和事中，相应的法律法规也重在立法与执法环节上；但食品安全问题发生后，依然需要相关的救济措施，如赔偿、诉讼等。食品安全事关消费者的健康、安全及社会稳定；危害影响面广，其损害的利益主体不再局限于单个消费者，其影响往往具有隐蔽性和跨时空性；受害者与侵害人的诉讼力量不均，容易导致赔偿不够合理。因此，考虑建立食品安全公益诉讼制度，以寻求食品安全监管在司法环节的新思路。

第三节　完善食品安全监管制度

一、落实 HACCP 认证制度

HACCP 管理体系目前已经被普遍认为对食品安全水平的提高有显著促进作用，在美国等发达国家被广泛采用，而在我国目前还是一个推荐性的意见。我国食品生产行业分布广泛，要从源头上对食品安全进行监管，必须进一步推广HACCP认证制度，落实它在食品安全中的应用。

第一，我国的HACCP管理体系应用与国际上还存在一定的距离，基于这种差距的比较研究并结合国情，建立起一套适合我国食品安全的质量认证体系。

第二，积极鼓励我国食品生产加工企业采用这一认证体系，通过借鉴发达国家先进经验，依据分类指导原则，将HACCP认证制度广泛应用到我国食品生产加工企业。

第三，将HACCP质量控制体系和信息技术密切结合起来，建立信息监控网络，实现食品质量信息的共享，从而为食品安全的有效监管提供依据。同时在国内应该尽量统一食品安全认证体系，减少重复认证的成本。

二、严格推进市场准入制度

发达国家的实践证明，食品安全市场准入制度是一种有效事前激励检查制度，可以为食品安全起到很好的预防作用，我国应该进一步推进市场准入制度的监管工作。

第一，切实做好对市场准入的严格管理。食品市场准入制度是我国食品安全监管的一项重要制度，只有严格管，才能保证国内的食品安全。食品生产许可是食品市场准入制度的核心，食品安全监管机构应对企业是否具备必要的生产条件进行严格的审查，确保进入市场的企业符合各方面的要求，否则，坚决不予发证；严格执行组长负责制度，防止乱发证、发人情证，保证对每种食品进行现场质量审查；制定严格的食品安全准入标准，实行严格的准入标准。

第二，对准入食品进行科学分类管理。食品的种类繁多，性质也有所不同，若对其实行统一管理是不科学的；两种不同的食品，也许一种标准都符合，但是换种标准就出现了问题，我国食品安全监管部门应充分认识到食品的这一特性，对其进行分类管理，保证食品市场准入的安全有效。要形成一套由国家质检总局统一领导，省质监局实施，市、县级质监局深入一线具体严抓食品市场准入的管理体系。

三、完善信息统一公布制度

第一，建立统一的食品安全信息集成平台。全面的信息采集和充分的信息交换是建立食品安全信息公开制度的前提条件[119]。我国食品安全监测系统的基本“信息源”有三方面：一是国家质检总局对进出口食品的检验检疫异常信息；二是农业部、国家卫计委、国家质检总局、国家食品药品监督管理总局、国家工商总局等监管部门的日常监测信息；三是企业上报或专项抽查信息。这些信息在地理上分散、格式上不统一，需要整合现有各部门分散的监测网络，分设联网信息点，将分布在不同位置和部门的食品安全信息汇总、分类、分析，形成由点到面的信息网络，搭建统一、权威的信息集成平台，从而保证信息数据的及时性、全面性、可靠性、统一性。

第二，保持畅通的食品安全信息公开渠道。食品安全信息公开分为主动公开和依申请公开两种渠道。为提高食品安全监管部门的服务能力和水平，保障消费者食品安全知情权的实现，相关部门应通过电子政务、新闻发布会、广播、电视等便于公众知晓的媒介方式向公众提供准确、及时、客观的食品安全信息。坚持以主动公开为主、依申请公开为辅，保证信息公开渠道畅通运行。在信息公开中，政府有关部门应掌握主动权，本着科学、真诚、透明的原则，客观、及时地公开食品安全信息，让公众了解相关情况，避免信息传递的滞后、偏差，防止引发恐慌及对政府的不信任。

第三，建立良好的食品安全信息反馈机制。公开的食品安全信息是否适用、全面、有效，需要靠公众的评价和信息公开的效果来检验。食品安全管理部门可以通过召开座谈会、设置意见登记簿、印发问卷调查等方式获取公众对所公开食品安全信息的反馈。通过建立食品安全信息反馈机制，食品安全监管部门可以进一步了解社会及市场对食品安全信息的需求，了解消费者的心理，从而调整公开内容，改进服务形式，拓宽公开渠道，使更多的公众能够以快捷便利的方式获取自己需要的食品安全信息。

四、完善食品安全召回制度

食品安全召回制度是食品安全监管体系的重要组成部分，具有重要的地位和作用。食品召回措施可以迅速有效地将不安全食品从流通环节收回，从而避免食品安全事件的发生或扩大化。我国《食品安全法》也有食品召回的相关内容，但只是原则性规定，缺乏具体的规则内容，还需进一步完善食品安全召回制度。

第一，以立法的形式完善食品召回制度。我国现行法律中涉及食品召回的有《消费者权益保护法》、《产品质量法》和《食品安全法》，而且相关规定都只是原则性的，缺乏具体规定，仅有的一部《食品召回管理规定》还属于部门规章，内容也不尽完善，食品召回的执行效果也大打折扣。通过立法的形式将食品召回上升到法律地位很有必要。具体来说，法律应当对食品召回的主体、原因、程序、措施、完成评价及违反相关召回规定的法律责任等做出明确的规定，让食品召回真正实现有法可依。在食品安全问题发生之后，可以依据法律立刻启动召回程序，由食品召回主体依据各自具体职责履行召回行为。此外，出口食品的安全问题影响面更广、损失更严重，影响经济的同时还会危害我国在国际社会的诚信度，因此对出口食品的召回也需完善有关的规定。

第二，以政府强制推行为基础，以企业自主召回为主。由于食品召回涉及食品生产者、销售者、消费者及社会公共安全等多层面，涵盖了法律法规、市场监管、部门协调等多个环节，食品召回必须突出政府的强制力。同时，企业对不安全食品的主动召回可以减少一些中间环节，缩短召回周期和降低召回成本，减小不安全食品的危害范围，还能提升企业诚信度和产品竞争力，有助于强化企业的社会责任。可见，食品召回制度可以实现企业、消费者、政府的共赢局面，是食品安全监管的重要应急措施。

第三，加大食品召回的违法责任。召回不合格食品是体现企业主体责任，减少不安全食品危害，降低政府监管成本的有效手段。目前我国的食品召回守法成本高，违法处罚轻，不足以对违法人员给予应有的惩戒和震慑，食品召回制度很难发挥其有效价值。因此，引入惩罚性赔偿责任和刑事责任非常必要，从而加大对违法行为的处罚力度。而且，可以考虑在食品召回制度中确立悬赏举报制度，这有助于公权机关获取充分信息，加强对违法行为的查处。同时，由举报导致的不信任可以提升违法者之间的合作难度，增加违法者的防御成本；从而减少食品召回违法行为，促使企业选择主动召回不安全食品。

第四，完善食品召回相关配套措施。食品召回制度只是保障食品安全的制度之一，该制度的实施也离不开其他相关保障措施。在食品召回范围上需要参照有关食品安全的强制性标准、质量标准和环保标准；食品召回的信息管理则需借助完善的食品强制标识制度、食品追溯体系等。要想召回不安全食品，首先要检验出其不安全性，这就需要技术手段来实现；因此，还需要相应的技术投入，需要一套完善的检测检验和食品安全判定体系。

五、完善行政问责制度

（1）健全行政问责法律体系。目前，我国还没有一部规范、统一的行政问责法律规范。现行的食品安全监管行政问责所依据的规范性文件要么法律位阶太低，要么问责标准不明确等；而且在问责的主体、客体、范围、程序、责任形式和惩处力度等方面也不尽相同，缺乏统一性，一定程度上还缺乏科学性。食品安全事故发生后，政府机关都是使用行政性问责手段对监管责任人员进行处罚。然而，由于没有一部行政问责法，问责制度难以形成一种长效机制。“实践证明，为了使行政问责制成为一种长效机制，使行政问责制从行政性问责切实转变到法律性问责，应该在整合现有的法律、法规和条例的基础上，制定和颁布专门的行政问责法规，以法律的方式来使问责制法律化、制度化，真正使问责有制可守、有章可循。”[120]因此，有必要以法律的形式确立行政问责制度，将行政性、道德性的问责制度上升为法律性的问责制度。一方面，应根据我国现行行政问责相关法律的情况，先整合现在的法律规范，然后根据行政问责的原则颁布食品安全监管行政问责法。另一方面，建立一套与行政问责法相适应的食品安全监管问责的实施细则和严密的程序，使食品安全监管行政问责法律适用且行之有效。

（2）明确食品安全监管问责机制。在构建行政问责法之后，还需要建立和完善问责机制，只有在后者的配套下才能发挥行政问责法的作用。行政问责可以分为同体问责和异体问责，同体问责指政府内部的问责，政府外部的问责为异体问责。异体问责是问责制的关键主体，因此在完善同体问责的基础上，要不断提高异体问责的地位。

（3）加强行政问责配套制度建设。现有的政府绩效考核评估制度是一种粗线条的制度安排，比较侧重定性方面的考核评估，要创新政府绩效考核评估机制，最重要的是使评估机制的运行程序法律化和制度化[121]。国外问责实践证明，大多数官员引咎辞职的直接压力来自社会公众和媒体的舆论，而不是法律和制度。此外，如何通过构建合理有效的救济机制，使这些被问责的官员依法依规复出，继续为社会做贡献也非常必要。

（4）塑造行政问责文化。落实食品安全责任制和责任追究制，有利于全社会性行政问责文化的构建。行政问责制度的良好运行必然得益于坚持不懈的责任政府建设。各级政府及相关职能部门应树立“有权必有责”的责任意识，把食品安全纳入领导干部考核、任用、晋升的评价体系中，作为认定该领导政绩优劣、履责好坏的重要指标之一，真正做到“以人为本”“执政为民”。同时，应提高公众的食品安全意识和维权意识，鼓励消费者运用法律维护自身权利[122]。

六、加快食品安全信用制度建设

食品安全问题产生的根本原因在于信用问题的出现，食品安全监管工作的开展有必要做好食品安全的信用体系建设。在食品安全信用体系建设初始阶段，政府既是信用体系建设的倡导者、规划者、启动者，也是法律法规的制定者和权威解释者；既是信用信息整合的组织者、信用服务的引导者和协调者，也是市场法则的执行者和监管者。食品安全信用体系建设是在政府推动下全社会参与的一项系统工程，也是保障食品安全的长效机制和治本之策。要建立政府评价、行业评价和社会评价三者结合的评价体系，就要不断完善政府、企业和消费者之间互动的信息收集和信息披露制度，在不断拓宽监管机构收集信息渠道来源的基础上，加快食品安全信用体系建设。

要完善我国食品安全信用体系，首先要加快信用法制建设，提高失信的成本。市场经济环境下，依靠自我约束的生产经营者完全诚信的可能性极小；而法律约束是对诚信最重要也是最低限度的标准。因此，应尽快制定和公布有关公开与保密、知情权、参与权、选择权、监督权、名誉权、隐私权、形象权、人格权、适度与失度等信用制度相关法律；同时，要严格执法，在法的监管下，对违信行为进行规制，提高企业违信成本。

其次，要强化鼓励扶持，激发诚信动力。诚信具有精神性，精神的持续作用都需要有与之相适应的基础，作为精神的着力点和实现的手段，需要相关鼓励制度的设计和保证。鼓励机制一方面可以通过政府给予直接奖励来实现，另一方面还可通过市场回报来凸显。诚信企业的商品由于得到了市场认可，价格可能高于其他没有经过认证或者没有品牌的产品，企业诚信得到回报。同时，由于企业生存环境更为宽松有序，企业违信动力减弱，诚信动力增强。

再次，要立足社会信用需求，优化信用监管方式。食品安全监管机构在诚信方面更多地侧重策略导向，弱化了需求导向。而信用需求是一套技术，如果不够清晰明确，信用实际上很难建立起来。在下一步的工作中，需要进一步从需求导向出发研究企业信用，进一步破解如何运用不同的监管政策、监管手段和监管方法，采用不同的监管频次，区别对待不同企业，优化信用监管方式。

最后，加强部门共建，完善信用运行机制。食品安全诚信体系的建设，单靠一个部门非常困难，需要各个部门之间通力合作。其一是规范化，“不诚信”的标准要统一。其二是共享，各个部门之间应相互通报信息、相互给予奖惩，共同来担当与完善诚信系统。其三是发布，当前食品安全方面的信息公开度不足，所以导致社会往往对政府公开的信息不信任，因此要加大公开发布力度，发挥媒体、民间组织对食品安全的监督作用，让民众知道并参与。

第四节　促进社会参与食品安全监管

一、发挥媒体和消费者的监督作用

第一，充分发挥媒体的舆论监督作用。现代社会中，媒体的作用是不能被人们所忽视的，很多食品安全问题都是通过媒体曝光的，如“苏丹红”事件、“染色馒头”事件等，都是在媒体曝光以后引起人们广泛重视的。我们应该充分发挥媒体的这一功能，实现信息的共享。我国食品安全监管部门在信息披露这一块做得不是很好，原因是其披露信息的成本很高。因此，缺乏动力去实现食品安全信息的透明，这就更加需要发挥媒体的功能，将信息传达给社会大众，从而保障我国食品安全监管的顺利进行。

第二，充分鼓励消费者积极监督。对食品安全最为关注的就属消费者了，因此食品安全问题与消费者的生命安全息息相关，让广大消费者参与到食品安全的监督工作中是一个非常明智的做法。首先，应该广泛宣传相关食品安全的知识，只有宣传到位，才能保证所有人知道食品安全，了解食品安全的重要性，才会去主动维护食品安全。其次，应该为消费者提供一定维护食品安全的渠道，使他们可以运用法律武器维护自己的合法权益，防止食品安全事件的发生，为食品安全监管工作的有效进行提供保障。

二、发挥行业协会的引导作用

企业自身具有的社会责任不仅体现在向社会提供产品和服务以实现自身利益，还包括自觉承担保护和改善社会公共利益的责任[123]。作为市场经济的主体，其追求利润最大化目标的特性很容易使其走上唯利是图的道路。《食品安全法》第一章第九条也明确说明，食品行业协会应加强行业自律，引导食品生产经营者依法生产经营，推动行业诚信建设，宣传、普及食品安全知识。食品行业与其他行业不同，其产品的好坏有时普通消费者无法鉴定，而是需要经过很长的时间才能发现，这就决定了食品企业拥有比消费者更完全的信息。基于这一特点，应该鼓励创建行业自律协会，让企业自己监督自己的食品安全问题，这样才能最大限度地保障食品安全。

通过食品行业内部的自律，不仅可以方便食品企业之间的交流，也会在自律公约中对有不正当竞争行为的企业采取必要的惩罚措施，从而有效地遏制食品企业之间的恶性竞争，以维护公平竞争，形成公平、合理、安全的市场环境。作为企业与政府、企业与公民之间的桥梁，食品行业协会应当充分发挥好自身的优势。一方面，食品行业协会要搜集本行业领域的最新动态，及时向政府反映情况，并将本行业存在的问题及建议反馈给政府，为政府相关部门提供政策依据，及时表达食品行业的企业利益诉求；另一方面，行业协会要积极地向消费者普及本行业的信息和相关的食品，并接受、处理消费者对食品企业或产品的建议或投诉，这不仅可以提高消费者对食品的安全认识和分辨能力，同时也能够及时发现行业内产品或企业存在的问题。

三、形成公众参与环境

在食品安全监管过程中，促进公众参与，发展和发挥公众的力量，可以帮助减少政策的失误，赋予监管及其结果以民主的正当性，增加一般公众对于风险的知识，增加公众对监管正当性的信心。

形成公众参与食品安全的社会环境不仅需要提高公众的食品安全意识，更需要从制度上保障公民参与的途径和权益。提高公众食品安全意识首先需要普及公众对健康知识的了解，企业、农民、消费者、政府都应该接受有关食品安全方面的知识学习，了解基本的科普知识、食品营养和安全知识等。因此，有必要开展有针对性的食品安全普及工作，使各级领导能够对《食品安全法》及其相关法律提高认识，加强对食品安全法律的宣传教育，并贯彻落实；对食品生产经营者开展警示教育，倡导诚信经营，公开曝光不法行为，形成威慑违法分子的宣传环境；组织专项宣传活动，利用特定时间向社区公众及其大型消费场所的消费者普及食品安全知识，提高消费者的辨别能力和食品安全意识，形成一个环保安全的消费方式。

消费者作为食品的消费对象，其反应对于打击假冒伪劣产品有着重要的意义。由于食品安全违法行为隐蔽性强，仅依靠政府力量很难及时发现和查处所有的不法行为，发挥消费者和社会的力量是对政府规制能力的有效补充，解决违法分子极力逃避处罚的问题。因此需要鼓励消费者积极举报。2011 年国务院食品安全委员会办公室印发了《关于建立食品安全有奖举报制度的指导意见》，要求在全国范围内实施食品安全有奖举报制度，强化社会监督的力量。实现我国有奖举报的制度化和规范化，并将检查处理结果及时向举报人反馈并向公众公开，可以帮助我国逐步形成一个人人关心、人人参与食品安全的良好社会氛围。

四、加强食品安全宣传和教育

世界卫生组织已经要求将食品安全相关问题列入教育体系中，并且开展了食品安全相关知识的教育，可见食品安全教育问题的重要性。在我国，虽然人们对食品安全知识有了一定的认识，但是远远不够，因此，构建和完善一套系统的食品安全教育体系是非常必要的。

首先，普及食品安全教育机构。我们可从两个方面来普及食品安全教育机构。一方面是专业培训。主要是在全国范围内的各个大专院校开展与食品安全相关的课程，从而培养更多与食品安全相关的专业人才。并在初等教育学校开设食品安全卫生、食品营养等方面的课程，使学生从小了解食品安全营养常识，培养消费者的食品安全意识，提高自我保护能力。另一方面是从业余角度出发，在全社会为食品行业人员提供关于食品安全知识的相关培训。餐饮行业属于劳动密集型产业，其从业人员素质的高低、食品安全卫生知识的普及和食品质量安全意识的高低将直接决定我国食品安全前景。开展食品、餐饮业从业人员的食品安全卫生知识培训，严格食品、餐饮业从业人员的准入标准，要求一线工作人员和品控人员必须取得相关的合格证方可上岗，这样才能从根本上消除人为原因造成的食品安全问题。

其次，普及食品安全法律知识。借助报纸、杂志或者网络、电视等传媒广泛宣传食品安全法制知识，并且对某些食品安全重大事故作为案例进行深入分析，详细介绍，在全社会形成一种法律氛围，保证食品安全。有必要建立公众营养安全教育网，组织有关部门和生产经营企业举办食品安全研讨会；编辑出版相关的科普读物和音像制品，在有关媒体刊播食品安全公益广告，有针对性地开展宣传教育和培训活动；建立食品安全信息发布制度，办好相关网站，抓好监督执法信息公开；加强组织领导和政策保障，强化督促检查和考核评价，动员社会团体、行业组织、企事业单位等各方积极参与，发挥好社会监督和舆论监督的作用。

第五节　加强食品安全监管技术支撑体系建设

一、提高食品安全检测能力

（1）提高食品安全检测技术。在保证食品安全方面，检验检测应向高技术化、速测化、便携化及信息共享方面迈进。随着食品产业的发展和食品安全标准的修正，当前对食品安全技术提出了更高的要求，因而必须通过研究一些科学技术，首先在检测技术上，不仅要跟踪国际先进技术，而且要开展科研项目，自主开发关键检测、监控技术与仪器设备。另外，普及一些快速、简便的检测技术，面向国内市场采购先进机器设备，以满足监管部门日常检测工作所需。当前，设置检测系统并使食品检测机构逐步社会化。

（2）科学设置检测检验机构，合理配置检测检验资源。在设置检测检验机构时，应本着科学、合理的原则进行，同时综合考虑服务范围的人口数量与服务需求量、区域发展水平等因素，保证能满足区域基本需求的同时，还要体现人性化的特点。在纵向上要形成一套以国家食品检测机构为主，省级、市级为本，县级为基础的严密食品安全检测检验体系。在横向上建成覆盖全国的从农田到餐桌整个环节的食品安全检测体系，贯穿整个食品生产过程，杜绝食品安全问题发生后采用头痛医头的方法，把食品安全的事后监管变为事前控制。应该实行行政执法权与鉴定检测权分开的原则，严格把关，把不合格食品控制在市场之外，按照执法的需求，把检测权分散在食品生产加工的不同环节，实行各部门之间既可独立检测也可互相认可检测结果。

我国应由政府带头，组织各监管部门对各地区的食品安全检测情况进行调研，从省（自治区、直辖市）到县进行食品安全检测体系建设，科学合理地进行布局规划，整合各级资源，分级实施政策。对一些投入大、难度高而且不常用的项目可在市里进行设置，对那些日常检测项目如农药残留检测等可以在县乡分别设立，利用食品安全检测车提供及时准确的服务。

（3）加大食品检测投入。要想提高食品安全检测检验水平，必须加大对食品安全检测检验的投入，将检测检验的各种花费列入财政预算中，从而落实检测检验相关仪器、设施及人员的配备。更主要的是注重加大对基层检测检验机构的投入力度，最大可能地改善基层的检测检验软硬件设施，保证基层的食品安全。鼓励人才到基层工作，同时加大对检验工作的投入，积极进行人员及技术的培训。地方政府要加大对食品安全检测设备更新换代，建立公益性的检测机构，降低食品安全检测的成本，争取实现免费检测。提高各部门工作的积极性，实现更快速、有效地开展监管工作。

二、规范食品安全标准制度

我国政府已经开始建立食品安全的标准体系，在《食品安全法》第一章第五条就明确指出国务院卫生行政部门会同国务院食品药品监督管理部门负责食品安全国家标准的制定和公布。规范食品安全标准是我国政府职能，政府应当以食品安全标准为中心进行管理，制定科学合理的食品安全标准体系；并与一定的法律法规相配合，调整食品安全标准的体系结构，真正解决标准之间存在的交叉重复等问题，统一食品安全标准，建立适合我国食品市场的食品安全标准体系。

首先，要保证标准的时效性。经济及技术的迅速发展使旧的食品安全标准已经不再适应社会的发展，无法做到食品的安全有效监管。在标准制定方面，要向食品安全国际标准看齐，甚至还要比国际标准更为严格。国家应该制定专门管理食品安全标准的制度，在该制度中应明确规定我国的食品安全标准制度的更新年限，保证我国食品安全标准能够紧跟时代步伐，紧跟国际标准，只有最新的食品安全标准体系才能保证我国食品安全监管工作的有效进行。

其次，要坚持标准的全面性。在我国食品安全监管中存在这样一种现象，很多食品在被检出有问题时却不能提供具有法律效力的检验报告，原因是我国许多非食用物质都没有检测方法。我国食品安全标准的制定应该涵盖食品问题的各个方面，从食品源头出发，包括生产、存储、运输到最后的销售环节都应该有食品安全标准来作为监管依据，保证我国食品安全标准的全面性。真正做到只要食品安全存在问题，就能检测出来，最大限度地保护消费者的生命安全。

最后，避免标准之间的交叉重复。由于我国食品安全标准不够统一，存在不同部门有不同的标准及国家和地方之间也有不同标准的现象，这就需要制定统一的食品安全标准才能解决多标准造成的交叉重复问题。关于行业之间的标准则要严格明确其行业界限，对所有行业的食品安全标准进行清理整合，保证我国食品安全标准真正起到保护我国食品安全的作用[99]。

三、健全食品安全风险监测评估体系

（1）逐步健全和完善食品安全风险监测网络和功能。应该主动进行污染物监测、食源性疾病监测，主动进行准确的风险识别和评估，主动及时发布有害物质黑名单等权威信息。建立以中国疾病预防控制中心为平台，以31个省级（除港、澳、台）疾病预防控制中心为补充的，同时兼顾农业、质量监督检验、食品药品监督管理等食品安全监管相关职能部门所属检验机构和社会检验机构，覆盖全国各省（自治区、直辖市）、市（地）、县级并逐步延伸到农村地区的食品污染物和食源性疾病监测网络。配置必要设备，改造实验用房，开发用以监测数据的采集、分析、评估和预警技术软件。将监测和信息收集工作延伸到食品生产、流通和消费的各个环节中，开展污染源的追踪调查，对高风险食品原料、配料和食品添加剂开展主动监测。

（2）建议政府加大经费投入，加强各级监测技术机构的监测能力和队伍建设，提高我国食品安全风险监测的整体能力。尽管近年来政府不断加大监测经费的投入，但依我国食品安全目前的形势来看，食品安全监测工作的经费投入仍有待增加。目前，监测区域、监测样品数量、监测项目、监测频次等均受到较大程度的约束，远不能形成覆盖全国的监测网络，因此监测有效性受到很大影响。为保障风险监测工作按照法定计划有序进行，无论中央还是地方政府，均应加大财政经费投入，保证监测工作顺利进行。要制定人才发展计划，大力开展国内外的知识交流、培训和继续教育，不断提高风险监测人员和医疗服务机构食物中毒、食源性疾病报告专业技术人员及质量控制人员的业务水平和能力，同时培养其责任意识。并要加强现有人才的培训，借鉴欧美国家开展食品安全风险评估的经验，快速提升人才队伍的工作水平和业务能力。

（3）国家应加强食品安全监管部门间的信息沟通机制建设，切实做到资源共享，积极探索建立与目前食品安全分段监管相适应的全食物链食品安全风险监测综合体系，实现食品安全风险监测的无隙对接。我国食品安全分段监管导致的食品药品、工商、卫生、质监等部门的“分段监测”现象，反映出监测资源分散、优势资源共享性低及信息沟通不畅等问题，致使覆盖整个食物链的综合监测机制还不够健全，容易出现监管脱节现象和食品安全问题究责困难的情况，且共享平台的建立正处于完善中，与发达国家的部门间信息沟通机制相比仍有很大差距。

四、构建食品安全监管信息网络平台

信息化技术为促进食品安全监管工作的高效运行提供了可行性。对于食品安全政府监管，信息化网络的建设有助于食品安全预警及应急机制的建成。形成地方政府各监管部门之间的交流沟通机制，促进食品安全监管信息的共享，形成一个共同的网络。具体需要注意以下方面。

首先，要完善食品安全信息化领域的相关法律法规。政府需要制定并完善食品安全信息化领域的相关法律法规、行政规范或实施指南等强制性或建议性规章制度，为监管行政人员提供强有力的技术依据，加强食品企业监督管理是提高我国食品企业安全意识的有效手段。在食品企业的信息化建设过程中，应参考美国、欧盟等发达国家和地区的相关法律法规，建立并逐步完善适合我国国情的食品企业应用信息化技术和食品安全跟踪追溯体系的相关法律法规。

其次，建立食品安全监管体系信息平台，用现代信息网络技术手段对食品安全进行监管，使作为统一协调和综合监管的卫生行政部门通过这一平台。充分利用现有信息资源和基础设施，建立国家食品安全信息平台，形成包括国家、省（自治区、直辖市）、市、县四级的食品安全信息网络和国家对重点企业的食品安全要素的直报网络；建立高性能、易管理、安全性强的食品安全动态信息数据库；建设国家食品安全基础信息共享系统，形成服务于食品安全监测分析、信息通报、事件预警、应急处理和食品安全科研及社会公众的网络协同工作环境。

第八章　城市冷链食品安全监控系统

第一节　城市冷链食品安全

一、城市冷链食品相关概述

在欧洲，欧盟提出了具有代表性的冷链定义。欧盟组织发起了由欧洲多国参与的农业和农产品工业研究（agriculture and agro-industrial research，AAIR）项目。食品研发项目是该项目的一个子项目，在食品研发项目的报告中提出了冷链定义：冷链是指从原材料的供应，经过生产、加工或屠宰，直到最终消费为止的一系列有温度控制的过程。冷链是用来描述冷藏和冷冻食品的生产、配送、存储和零售这一系列相互关联的操作术语。

美国的冷链定义是在第二次世界大战后物流快速发展的情况下，由美国卫生部的食品药品监督管理局提出来的。它指出冷链定义为："贯穿从农田到餐桌的连续过程中维持正确的温度，以阻止细菌的生长。"

日本是第二次世界大战后从美国引进物流思想同时引进冷链定义的，日本权威性很高的明镜国语辞典对冷链的定义为"通过采用冷冻、冷藏、低温储藏等方法，使鲜活食品、原料保持新鲜状态由生产者流通至消费者的系统"。

冷链物流定义提出后，欧洲、日本、美国等发达国家和地区对冷链的研究逐步趋于成熟，并且形成了比较完善的食品冷链体系。近年来，美国等国家开始更多地研究冷链物流的标准化问题。

美国于2002年成立冷链协会，该协会由航空公司、卡车运输商、地面搬运商和设备生产商组成，主要研究易腐货物的有关问题，为运输温控货物制定标准化的指导原则。

2006年，美国冷链协会发布《冷链质量指标》，用以测试运输、处理和储存易腐货物企业的可靠性、质量和熟练度，并为整个易腐货物供应链的认证奠定基础。

1958年，美国的阿萨德等提出冷冻食品品质保证的时间、温度、耐藏性的容许限度，即"3T"概念；接着美国的左尔补充提出冷冻食品品质还取决于产品冻前质量、加工方式、包装等因素，即"3P"理论；后来又有人提出冷却保鲜、清洁、小心的"3C"原则。这些理论不仅成为低温食品加工流通与冷链设施遵循的理论技术依据，更重要的是它奠定了低温食品与冷藏链发展和完善的坚实理论基础。

以家用电冰箱为代表的家庭冷藏设备的普及与多样化，以及超级市场的出现，促使那些易腐的具有高营养、高品质的食品以冷藏商品的形式进入市场，加之以微波炉为代表的家用解冻和热加工设备的问世和普及，推动了食品冷链的发展和完善。促使这一切能顺利、迅速发展的真正市场原动力则归功于家庭主妇的职业化，其使家务劳动社会工厂化需求出现。国际上从 20 世纪 30 年代初期的冷藏链到 50 年代冷冻食品直接以商品形式出现，即指从生鲜食品的预处理、加工、包装、储藏、运输到配送、销售在内各环节形成一种低温连环式结构，之后又经历了几十年，各类低温食品冷藏链才达到目前完善的程度。

我国食品冷链的发展从 20 世纪 80 年代初起步，目前，已出现了较为完整的冷链，从原料的运输、加工生产到产成品运输、销售，直到消费者购买后放入家庭冰箱，每一个环节使用冷藏手段的冷链已经初步形成。但国内的冷链目前还远没有达到完善的程度，相对于国际先进水平，还只是一个早期的冷冻设备市场。

近年来，国内学者对于食品冷链的研究比较多，但主要局限是对我国国内冷链发展的现状与趋势、冷链技术及设备等的研究，并提出了相关的政策建议。例如，在中国食品冷链的现状基础上分析了当前我国食品冷链发展的问题，即缺乏完整独立的食品冷链体系、食品冷链市场化程度低、食品冷链相关硬件设施建设欠账太多、食品冷链系统化程度低等，对于如何有效构建及优化食品冷链体系与系统的研究比较少；另外有关研究界定了冷链系统的基础结构，探讨评估冷链基础结构可用的方法，进一步提出了冷链基础结构评估的程序，最后对冷链系统基础评价指标体系进行了设计，但未对如何优化系统结构做出概述。

二、城市冷链食品安全影响指标

相对于一般所说的食品安全，冷链食品安全是在冷链这个特殊的供应链系统下食品的安全性，它们有如下不同：一是冷链食品的范围更小，安全性要求具有更多的共性；二是冷链食品安全是从供应链的角度来考虑食品的安全性，对安全性的考虑更全面、更系统；三是冷链所需的温度、时间及产品耐藏性与食品的安全性密切相关，其也是冷链食品安全性的最重要的影响因素。

城市食品冷链与农村食品冷链并非人为强制性的划分，这与冷链在农村和城市的发展现状相差大有关系。鉴于农村市场意识、农村公路建设、农村冷链物流基础设施建设相对落后的现状，食品冷链在农村的发展还处于起步阶段。而城市食品冷链相对农村食品冷链来说更完善些，凸显的食品安全性问题更多、更复杂，这里研究的对象是冷链环境下的食品安全问题，为了便于更具体的研究，就把研究对象限定为城市冷链食品的安全问题。

食品安全问题非常复杂，它涉及从“农田”到“餐桌”的整个过程，是一个涉及多个领域、多个环节的动态问题。食品安全既受系统内部因素的影响，如食品卫生政策、食品生产条件、食品科技水平等，又受系统外部因素的影响，如自然灾害、环境污染等。这些因素的影响程度，准确测度出来非常困难。从理论上讲，食品安全状态评估应包括所有对食品安全有影响的因素。

但是从已有的研究来看，考虑到所采集数据的实际状况与监测的可行性，对于食品安全指标内容的设计主要包括以下两方面的内容。

（1）食品中微生物污染程度。微生物污染造成的食源性疾病是我国食品安全中最突出的问题，监测食品中微生物污染程度及其变化趋势是食品安全状态监测与评估的重要内容。

（2）食品中有毒有害物质含量。主要包括食品中的农药残留水平、兽药残留水平、环境污染物、食物中的霉菌毒素和放射性物质等。

在构建这样的食品安全评价指标体系时，主要从该指标体系所包含的内容和各指标的层次结构进行考虑。食品安全综合指标体系主要包括食品中微生物污染程度和食品中有毒有害物质含量两方面内容。而食品安全指标体系的层次结构则主要根据食品的主要层次进行划分，包括项目指标、食品种类指标、整体状态指标三个层次。

构建食品安全评价指标体系来实现对食品安全的总体状态评价，其目的是实现对食品安全状态的监测和预警，进而辅助国家食品管理部门科学地管理与决策。在利用以上评价指标体系进行整个食品安全的监测与综合评价时，根据应用的条件或场合不同，应该灵活采用各种评价方法。一般来说，对食品安全的评价主要有以下三种方法：相对评价和绝对评价相结合、排序评价和分类评价相结合、动态评价和静态评价相结合。

三、冷链食品质量安全与监管检测分工

从企业自身来说，加强企业食品安全的自我检验检测，可从源头上保证食品的安全。整个食品供应链上各环节的经营单位进行自我检测是确保食品安全的重要保证。发达国家食品安全检验检测体系发展的一个重要趋势就是根据食品供应链各环节分工，充分发挥食品业者自主进行检验检测的积极性，如推广采用良好生产规范、良好卫生规范和危害性分析与关键控制点等。

从政府提供监管检测角度分析，世界上实施食品监管检测的国家中，其监管

类型可划分为两类：一类是以日本为代表，根据食品供应链各环节分工，分别由不同的政府相关部门对各环节进行监管检测，实现从农田到餐桌的全过程监控和对食品质量安全工作的一体化管理。这种环节划分监管职责的方式与我国目前现有的食品质量安全监管模式比较接近。另一类是以加拿大及欧盟为代表，为控制风险，将原有的食品质量安全管理部门重新统一到一个独立的食品安全机构，由这个机构对食品的生产、流通、销售及消费等全过程进行统一监管，彻底解决部门间分割与不协调问题。

四、冷链食品跟踪与追溯

近年来，随着口蹄疫、转基因食品的出现，食品供应链各参与方从保证农产品质量逐渐开始转向食品的质量安全，而食品质量安全离不开对食品供应链的跟踪管理。通过利用供应链信息跟踪系统，可以最大限度地减少食品质量安全体系缺陷可能造成的潜在损失。因此，基于食品质量安全的供应链管理逐渐成为重点。

实施食品供应链管理有利于产品质量安全跟踪，降低食品及农产品的召回成本。目前，国外许多国家已经开始利用食品供应链管理跟踪系统来最大限度地减少食品安全体系的缺陷及由此可能带来的潜在损失。供应商往往有着很强的利益驱动性，当发现由于食品质量安全存在隐患会带来经济损失时，他们会采取相应的措施来消灭存在的安全隐患，以避免食品质量安全问题给企业自身或品牌带来的负面影响。为此，国外许多企业将相关标识信息贴在产品的包装上来方便消费者鉴定与确认。例如，在美国，大多数需要召回的食品都被公布在美国农业部食品安全和检验服务的官方网站上，这样消费者便能根据食品包装的标识信息来判定有问题的食品。一些企业通过使用先进的 RSS（reduce space symbology）条码系统和 GS1（Global Standard 1，国际物品编码协会）全球统一标识系统（以下简称 GS1 系统）更为具体地揭示食品供应链的信息，如种子的品种，使用的化学肥料、杀虫剂及抗生素，产品的生产日期、生产地、温控条件及使用的生产技术等。目前，欧盟已采用 GSI 系统成功地开展了对牛肉、蔬菜等食品的跟踪研究。

五、冷链食品安全的技术性分析

美国著名农业经济学家 Kinsey 教授指出，食品质量安全问题涉及食品从生产、加工到销售的整个食物供给链。整合国内外大量现有研究，影响食品质量安全的主要环节可归纳为以下七个方面：①水、土壤和空气等农业环境资源的污染；②种植业和养殖业生产过程中使用的化肥、农药、生长激素在农产品中的残留；③农产品加工和储藏过程中违规或超量使用食品添加剂（防腐剂）；④微生物引起的食源性疾病；⑤新原料、新工艺带来的食品安全性问题，如转基因食品的安全性问题；⑥市场和政府失灵，如假冒伪劣、食品标识滥用、违法生产经营等；⑦科技进步对食品安全的控制和技术带来新的挑战。

要研究食品的安全问题，就必须对影响食品安全的污染因素有深入的了解，掌握污染因素的性质和作用及其在食品中的含量水平等。以下将对生物性污染因素及化学性污染因素和其他污染因素对食品安全的影响进行分析。

1. 生物性污染因素对食品安全的影响

1）细菌与腐败变质对食品的污染

细菌对人体健康的直接影响主要表现在金黄色葡萄球菌、沙门氏菌等致病菌污染有关食品，人体进食后造成食物中毒等食源性疾病。

反映食品卫生质量的细菌污染指标可分为三方面：一是菌落总数；二是大肠菌群；三是致病菌。检测食品中菌落总数的意义是：菌落总数是食品清洁状态的标志，利用它可反映食品的清洁状态，另外，利用菌落总数可预测食品的耐保藏性。大肠菌群一般都是直接或间接来自人与温血动物粪便，食品中检出大肠菌群表示食品曾受到人与温血动物粪便污染。由于大肠菌群与肠道致病菌来源相同，而且在一般条件下大肠菌群在外界生存的时间与主要肠道致病菌也是一致的，所以大肠菌群另一重要食品卫生意义是作为肠道致病菌污染食品的指示菌。检测致病菌可直接评估该食品对人体健康的影响，但致病菌的检测要求较高，费用较高。我国包括国外食品企业内部检测部门一般不做该测试项目，主要以检测大肠杆菌来间接反映致病菌的污染。

2）霉菌与霉菌毒素对食品的污染

霉菌污染食品的卫生意义除了引起食品变质外，更重要的是霉菌产生的有毒代谢产物霉菌毒素引起的中毒。其中毒性较大的有黄曲霉毒素、赭曲霉毒素、杂色曲霉素等。影响霉菌繁殖和产毒的重要因素是食物基质的水分含量和环境的温度、湿度及空气流通等。

霉菌污染食品使食品的食用价值降低，甚至导致不能食用，全世界每年平均至少有 2%的粮食因发生霉变而不能食用。预防毒菌污染的主要措施是防霉，此法是预防食品被黄曲霉毒素及其他霉菌毒素污染的最根本措施。然后是去毒，可用物理、化学或生理学方法将毒素去除或用各种方法破坏毒素。

2. 化学性污染因素对食品安全的影响

化学性污染因素是影响食品安全的重要因素，它的潜在健康危害已通过大量科学研究而得到了进一步认识。化学性污染因素对食品安全的影响是多方面的，以下仅从农药残留、有毒金属、二噁英、放射性物质等污染物对食品安全的影响进行分析探讨。

1）食品中农药残留对食品的污染

农药残留是使用农药后残存于生物体、食品（农副产品）和环境中的微量农药原体、有毒代谢物和降解物的总称。我国在世界上是高农药生产和消费的国家，近年来我国食品出口时因农药残留量超标而退货或停止贸易的事件时有发生。我国《食品卫生法》第九条规定农药残留超过最大允许量的食品不得生产销售，农药残留对人体健康的影响主要是急性、慢性食物中毒。

2）有毒金属对食品的污染

人体中的金属元素很多，有些是构成组织的成分，如钙、磷；有的是身体中某一生理功能的重要物质，如钾、钠。但汞、铅、砷、镉等金属或类金属元素在较低摄入的情况下对人体即可产生明显的毒性作用，因此为有毒金属。有毒金属可以通过自然环境、食品生产加工、农用化学物质及工业“三废”的污染等途径进入食品。有毒金属的毒性作用特点是：强蓄积性和生物富集作用，对人体造成的危害常以慢性中毒为主。

3）二噁英及其类似物对食品的污染

二噁英类物质既非人为生产，又无任何用途，是燃烧废弃物及多种工业生产的副产物，在环境中广泛存在，化学性质极为稳定，难以被生物降解，在食物链中富集。二噁英不仅具有致癌性，而且具有免疫和生殖毒性，作为内分泌干扰物可造成雄性雌性化，被称为当今世界对人体健康最具潜在危害的一类环境污染物。二噁英的毒性远强于黄曲霉毒素，其对食品的污染已受到各国政府和国际机构的密切关注。

4）*N*-亚硝基化合物对食品的污染

N-亚硝基化合物在自然界广泛存在，人类主要通过饮食、饮水等途径吸收进入体内。人们已研究的 300 多种亚硝基化合物中 90%具有致癌性。*N*-亚硝基化合物的前体物硝酸盐、亚硝酸盐和胺类，广泛存在于人类的生活环境中，如鱼肉、乳制品、蔬菜、瓜果、海水、河水、井水中，可以经过化学或者生物学的途径合成多种多样的 *N*-亚硝基化合物。*N*-亚硝基化合物及其前体物，是引起人类某些肿瘤发生的重要因素。

5）放射性物质对食品的污染

由一种以上放射性核素组成的物质称为放射性物质。环境中的放射性核素通过各种途径进入人体，并在人体内储留，造成多方面的危害。人体摄入被放射性物质污染的食品，如果超过一定的程度，轻者可发生放射反应，如头晕、头痛、食欲下降、睡眠障碍、白细胞数增加或减少等，重者可导致各种放射病，如白血病、肿瘤、代谢病和遗传障碍等。可见，放射源的管理和放射性废弃物的处理与净化是预防食品放射性污染的根本措施。

除上述这些化学物质对食品的污染以外，还存在如环境污染、食品添加剂、食品容器、包装材料等对食品的污染，这些因素对食品安全的影响在此就不赘述。制定有科学依据的限量标准和控制措施，是防范化学性污染对食品安全影响的有效策略。

3. *其他污染因素对食品安全的影响*

目前还有一些不完全由食品污染引起的食品安全问题，如用生物工程技术生产的转基因食品的安全性及评价问题。尽管一些国际机构已制定了一些安全性评价原则，但是转基因食品的安全性问题至今了解和研究得还不够，不能适应企业界和学术界在转基因食品研究和开发中不断取得的进展。此外，食品企业会按照科学配方，通过一定方法把人体必需而又缺乏的营养素加到食品中，生产出强化食品。人们希望通过食用某种强化食品增强人体功能，但过度强化引起的食品安全问题有待探讨。再有，在乳牛中使用生长激素来增加牛奶产量、不平衡的膳食结构、食用含天然有毒物质的食物等，这些对食品安全所造成的影响也存在着一些尚未有定论的学术问题。

第二节　基于物联网的冷链食品安全监控系统的设计

近年来不断发展的数据采集技术特别是自动识别技术，给冷链食品产业的发展带来新的生机。系统地使用 RFID、传感器、无线通信、GPS 等物联网核心技术，对冷链各环节的温度、质量检测数据等变化进行实时记录、监控及预警，其在解决冷链食品安全管理过程的跟踪及追溯，保障冷链食品安全方面起到了重要的作用。对于冷链食品安全管理，除了要解决冷链食品安全追溯及跟踪的问题，还要通过冷链温度监控、食品检测检验来综合实现冷链食品的安全管理及预警。

鉴于物联网是通过 RFID、红外感应器、GPS、激光扫描器等信息传感设备，按约定的协议，把任何物品与其连接起来进行信息交换，以实现智能化识别、定位、跟踪、监控和管理的一种网络，物联网技术有望为解决冷链食品安全管理提供一种很好的途径。本书旨在探讨基于物联网技术冷链食品安全监控系统实施中存在的问题及相应的对策建议。

基于物联网的冷链食品安全集成解决方案，要系统考虑冷链食品安全的影响因素，综合运用全球统一标识系统、RFID 技术、各种传感器技术来解决冷链食品的安全追溯，食品位置跟踪，温度、湿度监控，检测检验，监测预警等各方面问题，有效保障冷链食品的安全。基于物联网的冷链食品安全监控系统应用平台如图 8-1 所示。

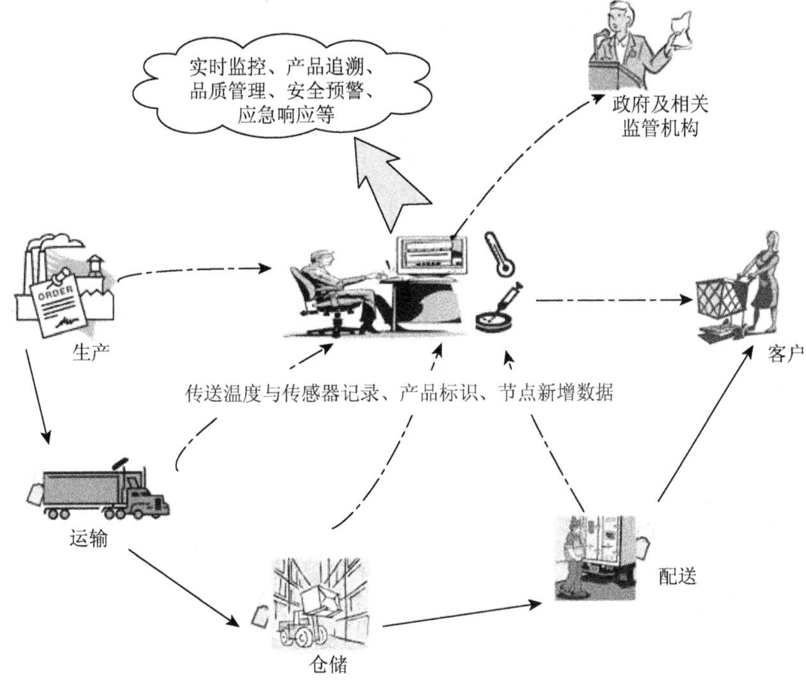

图 8-1　基于物联网的冷链食品安全监控系统应用平台

根据全球产品电子代码管理中心（EPC［产品电子代码（electronic product code，EPC）］Global）对于物联网的描述，基于物联网技术的冷链食品安全监控系统可由全球产品电子代码编码体系、RFID 系统及信息网络系统三部分组成，其体系结构如表 8-1 所示，整体功能模块结构如图 8-2 所示。

表 8-1　基于物联网的冷链食品安全监控系统的结构

系统组成	名称	功能及说明
全球产品电子代码编码体系	EPC 编码标准	识别目标的特定代码
RFID 系统	EPC 标签	贴在物品之上或者内嵌在物品之中
	读写器	识读 EPC 标签
信息网络系统	神经网络软件（Savant）	EPC 系统的软件支持系统，承担数据校对、识读器协调、数据传送、数据存储和任务管理的任务
	对象名解析服务（ONS）	自动的网络服务系统，给 Savant 系统指明了存储食品有关信息的服务器
	实体标记语言（PML）	用于描述有关食品信息的一种计算机语言，提供描述自然物体、动态环境的标准，供软件开发、数据存储和数据分析之用

注：ONS 为“object name service”的首字母缩写；PML 为“physical markup language”的首字母缩写

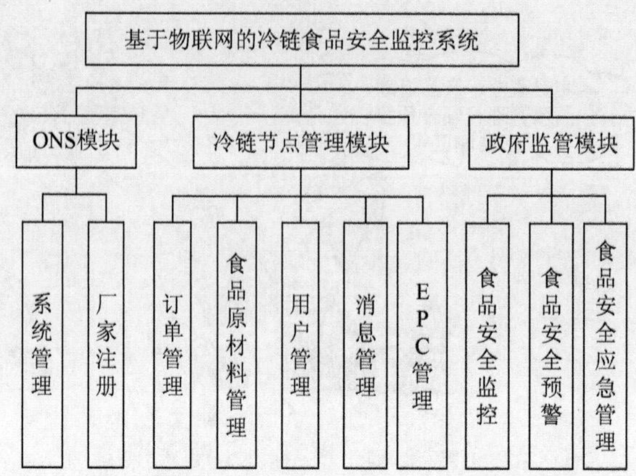

图 8-2　基于物联网的冷链食品安全监控系统功能模块

基于物联网的冷链食品安全监控系统的工作流程如图 8-3 所示。系统中关于冷链食品信息可分为固定信息和可变信息两类。固定信息为冷链食品的基本特征信息，如食品的产地、品种等，冷链食品原材料，以及成品的生产厂家、名称、规格等；可变信息为交易随具体对象不同而变化的信息，如冷链食品的第三方物流配送企业、分销商、零售商等相关信息，以及冷链食品在物流过程中的温度数据、检测检验数据等。

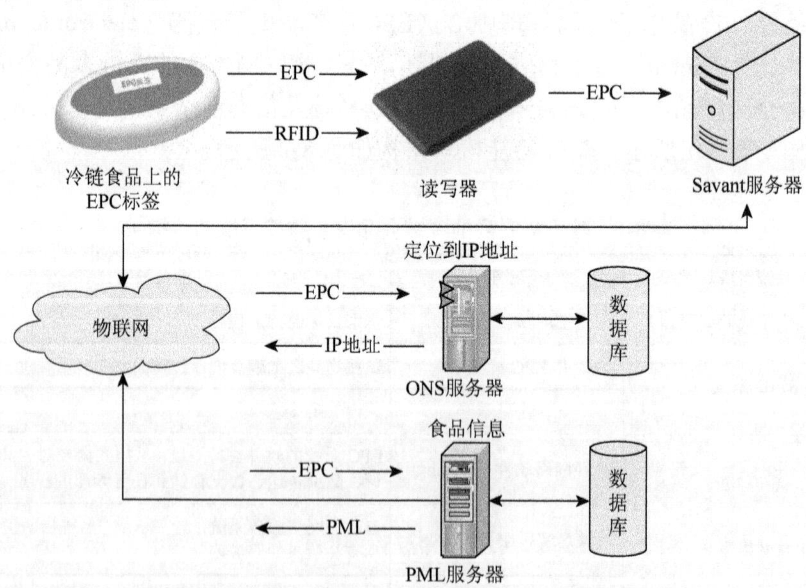

图 8-3　基于物联网的冷链食品安全监控系统工作流程

在系统工作过程中，EPC · RFID 系统负责收集 EPC 编码数据及传感器识别的数据，并将数据传给 Savant 系统。Savant 系统是利用分布式结构，层次化地组织、管理数据流。Savant 终端软件需要安装在冷链配送中心及零售商户的各个物流节点，包括运输车辆及装卸设备上。每一层次的 Savant 系统将收集、存储并处理由 EPC RFID 系统识别的信息，并与其他 Savant 系统进行交流。每当识读器扫描到一个 EPC 标签所承载的冷链食品信息时，收集到的数据将传递到整个 Savant 系统。EPC RFID 系统和 Savant 系统在各个环节收集的动态信息，为冷链监控系统提供数据来源，从而实现冷链运作的无纸化。

在冷链过程中，在途运输的车辆贴上 EPC 标签，通过 GPS 来进行接收数据转发，随时确定车辆的位置及车厢内部食品是否完好，同时供需双方都能很好地了解货物目前所处的位置、预计到达时间及冷链食品是否完好。在需要恰当温度的冷链各环节，将温度变化记录在带温度传感器的 RFID 标签上，或通过具有 GPS 及温度传感功能的终端实时上传到 Savant 系统。对于食品检测检验，可以采用细胞传感器、生物传感器等技术，实现食品成分分析、添加剂分析、农药和抗生素残留分析、微生物和生物毒素分析等，并及时将相应数据上传到 Savant 系统。

当冷链食品运至各供应链下游节点时，RFID 器会根据到货检验、装卸搬运、入库等物流作业快速成批读取 EPC 标签中的代码，并将数据传送给本地 Savant 系统。本地 Savant 系统将实读到的冷链食品 EPC 编码转换为 EPC 域名，并把 EPC 域名传递给 ONS 基础构架，请求与 EPC 域名相匹配的 PML 服务器 IP。ONS 基础构架中的 Savant 系统负责将这一请求与食品生产企业的 PML 服务器相匹配，并连接通信。本地服务器通过 Internet 与远程 PML 服务器通信，请求服务器中冷链食品相关信息。

第三节　基于物联网的冷链食品安全监控系统实施存在的障碍

一、相关标准难制定

关于物联网，目前还未制定出统一的国际标准。物联网发展过程中，传感、传输、应用等层面会有大量的技术出现，可能会采用不同的技术方案，缺乏统一的标准，不能形成规模经济和整合的商业模式，也不能降低研发成本。同时，RFID 技术的应用也缺乏全球统一的系统标准，目前世界各国制定了许多 RFID 标准，但仍缺乏一个有关食品追溯的统一国际标准。食品冷链行业对其具体实施环节或相关服务也缺乏统一的规范和要求，缺乏法规对冷链参与方的行为进行规范。所以，统一的技术架构、统一的协议、统一的应用管理平台及标准化模块是实施冷链物联网监控系统的基础。

二、RFID 技术及传感器技术还不完善

RFID标签的单项技术上目前已经趋于成熟,但总体上产品技术还不够成熟,仍存在较高的差错率。由于液体和金属制品等对无线电信号的干扰很大,RFID 标签的准确识别率目前只有 80%左右,即使贴上双重标签,标签仍有 3%无法判读。此外,在冷链环境下,其特有的低温、湿度环境对标签本身也会产生影响。电子标签问题成为制约基于物联网的冷链食品安全监控系统实施的一个重要因素。

物联网技术在冷链食品领域中的应用需要新兴的传感器技术,要求传感器能够耐低温、灵敏度高、精确度高、响应速度快和互换性好,应该是微功耗或无源型传感器。但实际应用中还存在一些问题,如目前大部分传感器技术的工作范围都在–20～70℃,而冷链环境下很多情况要求温度低于–20℃。目前,一些传感器技术还处于研发和改进阶段,在具体的应用过程还存在一定的问题。例如,生物传感器技术目前正进入大规模产业研究开发与应用时期,但还面临着一些困难,主要体现在所需费用高、技术复杂、杂交特异性及自动化程度有待进一步提高,结果的扫描、背景扣除、后期数据处理等技术目前还不够完善。此外,生物活性材料的固定化是生物传感器制备的关键步骤。因为生物活性材料生存条件有限,长期以来生物传感器寿命、稳定性及制备的复杂性制约着研究成果商品化与批量生产。

三、物联网安全问题亟待解决

很多情况下,物联网被应用于复杂、危险和机械的工作中,来代替人完成这些工作,这些感知节点大多在无人看管的场合中部署,很容易被攻击者轻而易举地接触甚至破坏。由于物联网中的感知节点功能简单、携带能量少,攻击者有时会利用消耗节点能量的方式攻击物联网。大多数 RFID 芯片都存在易被破解问题,因为最廉价和最流行的 RFID 芯片都没有电池,它们在扫描时由读卡机提供能量,缺乏自己的动力系统。这种芯片也容易受到“能耗途径窃取”的攻击,使 RFID 标签中芯片本身和芯片在读写数据的过程中受到窃取、泄密及复制,这些信息如果被非法使用的话,可能会带来无法估量的损失。RFID 是物联网的关键技术,在物联网系统中 RFID 标签会被嵌入任何物品中,如人们的日常生活用品中,而用品的拥有者不一定能觉察,从而导致用品的拥有者不受控制地被扫描、定位和追踪。因此,如果物联网的安全问题不能得到很好的解决,将会在很大程度上制约物联网的发展。

四、冷链物联网应用开发及经济效益问题

物联网技术属于新兴科技的一种，在冷链食品行业应用该技术，除了考虑实用性、稳定性及安全性外，还应特别重视同业经验。在没有其他成功经验可作参考的情况下，对引入物联网技术的态度也就趋于保守，这些问题让很多用户感到无所适从。物联网产业刚刚起步，各企业盈利状况并不见佳，各地政府虽然有支持的态度，但缺少实质的资金支持，风险投资资金的进入也很谨慎。

而物联网技术在冷链行业中的应用达到一定的规模，其价值才能体现出来。这些应用开发不能仅依靠运营商，也不能单依靠物联网企业。基于冷链行业特点的物联网需要应用示范，带动企业的应用及业务与物联网结合起来，促进冷链行业的物联网应用。在食品的标识和追溯领域，由于 RFID 标签及其配套的读写器和软件成本较高，其并未取代广泛使用的条码技术，成为该领域大规模应用和推广的壁垒。对于物联网技术在冷链行业中的应用，也同样会遇到这样的问题。只有让市场清楚该技术所能带来的经济效益，其应用的瓶颈才能得到解决。

第四节　基于物联网的冷链食品安全监控系统实施的思路建议

一、加快物联网标准体系建设

物联网技术相关标准的统一不可能靠企业自身来解决，政府、行业协会、相关部门、企业都要参与进来，通过沟通协调来统一制定，才可能解决标准建设的问题。应重视标准问题的战略性地位，但不应盲目夸大其影响。物联网是一个涉及多行业应用的实践性技术领域，短期内做出完全统一、自成体系的标准是不现实的，也不具可操作性。更多的是应在涉及互联互通等共性问题方面尽早制定相应的标准，如统一编码规则、基础应用平台的中间件接口标准等。同时，物联网产业的发展势必与各行业应用、个人应用紧密相关。在制定标准过程中应广泛建立“产学研用”相结合协调创新的机制，才能制定出适合行业应用、顺应产业发展的物联网标准体系。

对于食品冷链物联网，需按照国际标准和国内标准同步原则，采取开放的架构，积极吸纳已经具有广泛国际市场基础的相关应用技术标准，实现冷链物联网产业与国内外物联网产业发展的对接。要加快完善我国冷链行业物联网标准体系，支持企业积极参与标准化工作，加强产学研用各环节协作。在形成安

全冷链物流标准、物品编码统一标准等的基础上，建设食品冷链物联网的标准化体系。

二、加快 RFID 及传感器等关键技术的开发研究

物联网相关技术的研发需要相关科技部门积极组织，不断完善相关技术。在技术开发与标准制定上提前做好安全工作，包括密码保护、标识解读、环节链接、人物沟通等方面的工作。同时做好配套支持技术的研发工作，要在互联网基础上综合各种技术手段，形成专业的网络系统。要做好物联网关键技术的研发，首先要提高自主创新能力，在保持物联网技术研究先到优势的情况下，提高后续研发能力。这就要求我国一方面要在科研能力上领先，另一方面还要求我们要在降低生产成本、减少推广投入成本上取得优势。这些核心技术是涉及多学科、多组织、多部门，并与社会相关机构密切相关的高度综合性和高度专业性的高科技行业，可以通过国家扶持、院校培养、社会培训和企业内部培训等途径培养相关技术的专业人才。

三、高度重视物联网发展带来的安全问题

物联网发展带来的信息安全、网络安全、数据安全乃至国家安全问题将更为突出，需要在物联网的研究、规划、实施过程中强化安全意识，超前研究物联网产业发展可能带来的安全问题，制定对策措施，推进安全性立法和技术手段建设，推动完善信息安全知识产权侵权、个人隐私保护等方面的法律法规。

对于感知节点容易被物理操纵的安全问题，必须使用其他的技术来提高传感器网络的安全性能。如在通信前对节点与节点之间进行身份认证；为了使攻击者不能或者很难通过从被操纵的节点中获取的节点信息推导出其他节点的密钥信息，设计出新的密钥协商方案等。另外，通过对感知节点软件的合法性进行认证等措施也可以提高节点本身的安全性能。对于“能耗途径窃取”的安全问题，可以采用限制网络的发包速度，防止过快消耗节点的能量。对同一数据包的重传次数进行限制，也可以防御这种攻击。对于隐私安全的保护，可以制定法律法规来填补我国在物联网隐私保护方面的空白。依据我国实际情况，详细地确定物联网所涉及的应保护的隐私范围。同时还需提高物联网用户在使用物联网和使用电脑时自身隐私的保护意识。

四、积极引导行业示范应用

要建设食品冷链物联网，需要利用现有的技术条件，加快建设一批示范工程，

实现冷链食品全生命周期和全过程实时监管，促进冷链全过程的透明化、科技化、一体化。物联网是一项复杂的社会工程，它的发展需要社会各界的广泛支持。一方面，各级政府本身要从财政上加大资金投入量，为物联网提供坚实的物质基础，同时出台各种鼓励和优惠政策，为物联网的发展创造宽松的环境；另一方面，各级政府要发挥调控与引导作用，特别是积极引导社会上更多的企业与科研单位把资金和技术投入物联网研究推广上面，推动物联网短期内在我国形成规模并产生示范效应。互联网技术在美国最初的推广应用也是依靠政府在资金上的投入、政策上的扶持，最终形成国际互联网，并创造出巨大的经济和社会效益。今天我们发展物联网，同样需要前期大量的资金投入和政策扶持。只有如此，才有可能实现相关战略发展目标。

目前所存在问题的解决，需要研发机构、政府、企业及相关行业组织的共同努力，建立联动机制、支持应用示范、降低应用成本、统一技术及行业标准等。这是一个长期的过程，需要物联网技术的逐渐成熟及冷链行业本身的日益完善。

第九章　基于冷链的肉制品质量追溯系统

第一节　概 要 分 析

一、追溯体系概述

（一）研究背景

近年来，食品质量安全问题十分突出。二噁英事件、疯牛病事件、禽流感病毒疫情等，严重威胁着人类健康，给各国造成了巨大的经济损失，并引发政府信任危机和消费信任危机，影响社会稳定。解决食品质量安全问题的重要措施之一是建立可追溯系统，对食品生产、流通过程中各关键环节的信息加以有效监控和管理，以实现食品质量安全问题的预警和溯源，控制食源性疾病的危害范围，刺激食品企业生产优质安全食品，增进食品质量安全。可追溯系统能够为消费者、生产者和政府相关机构提供产品真实可靠的信息；利用可追溯系统能够迅速有效地识别发生问题的原料或产品加工阶段，明确企业或相关部门的责任，减少产品召回的成本，有针对性地对企业实行惩罚措施。利用信息技术建立多网络的食品追溯系统和追溯信息共享平台已成为国际上的发展趋势。

我国是世界肉制品生产大国之一，但在动物源性食品中，由于疾病、药残和污染等问题的存在，不仅直接制约畜产品进入国际市场，而且严重影响国内市场。纵观国外发达国家的先进经验和模式，其都在良好加工操作规范（good manufacturing practices，GMP）过程基础上，构筑各具特色的畜产品质量安全管理体系。而剖析我国肉制品生产流程，需涉及养殖场、屠宰加工、畜产品销售点和肉食品质量监控等环节，它是一项复杂的系统控制工程。为此，通过畜产品可追溯系统研究进展的综述，从技术的可获得性、经济可承受性和合理的实施时效性，构建一种适合我国国情的肉制品安全生产全程可追溯系统的原型。初步实现肉制品工厂化生产的全程信息跟踪，提高肉制品安全生产管理，达到满足消费者获得安全肉制品的需求，提高消费者对肉制品的安全消费信心。

因此，为了提高我国肉制品质量安全，提高肉制品市场竞争力，必须建立有效的肉制品冷链追溯体系。但是，由于肉制品追溯体系的建设是一个复杂的工程，“从源头到餐桌”涉及的环节众多，要实现肉制品的质量管理控制，必须对肉制品冷链进行优化重组，对肉制品安全管理进行有效监控，以建立肉制品冷链追溯体系。要建立肉制品冷链追溯体系，首先应对肉制品追溯的含义做一个简要了解，在此对肉制品质量追溯含义做一个简要综述。

1. 可追溯性的定义

目前，对于肉制品的追溯还没有确切的定义，但是对于肉制品的追溯理论已有了一定的认识，基于肉制品属于食品范畴，在此借鉴食品可追溯性的定义。

欧盟委员会关于食品可追溯性的定义是指在生产、加工及销售的各个环节中，对肉制品、饲料及有可能成为食品或饲料组成成分的所有物质的追溯能力。

1987 年的 NF EN ISO 8402 中关于可追溯性的定义为：通过登记的识别码，对商品或行为的历史和使用或位置予以追踪的能力。

2004 年国际食品法典委员会召开大会，对产品安全的可追溯性提出了初步的定义：追溯能力是指能够追溯食品在生产、加工和流通过程中任一指定阶段的能力。

总地来看，大体存在着两种主要观点：其一，认为可追溯体系由对产品路线和有效追溯的范围两部分组成。理想的可追溯体系应该包括对产品及其相关活动的追溯，又按照实施范围划分为企业间可追溯体系和企业内可追溯体系。其二，认为是指在整个加工过程或供应链体系中跟踪某产品或产品特性的记录体系，并根据可追溯体系自身特性的差异设定了衡量可追溯体系的 3 个标准，即宽度（breadth）、深度（depth）、精确度（precision）。宽度指系统所包含的信息范围，深度指可以向前或向后追溯信息的距离，精确度指可以确定问题源头或产品某种特性的能力。

2. 追溯系统概述

追溯是指从供应链下游至上游识别一个特定的单元或一批产品来源的能力，即通过记录标识的方法回溯某个实体来历、用途和位置的能力。其表现过程如图 9-1 所示。

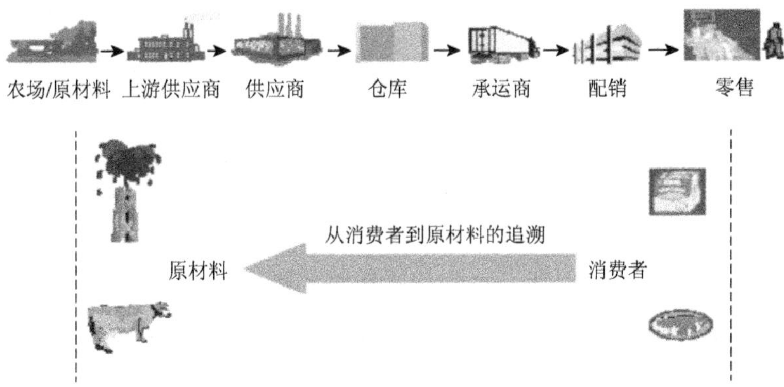

图 9-1　肉制品到消费者的追溯过程

追溯系统是在以欧洲疯牛病危机为代表的食源性恶性事件在全球范围内频繁爆发的背景下，由法国等部分欧盟国家，在国际食品法典委员会生物技术食品政府间特别工作组会议上，提出的一种旨在加强食品安全信息传递，控制食源性疾病危害和保障消费者利益的信息记录体系。从食品可追溯体系的实际功效出发，可追溯体系被认为是一种基于风险管理为基础的安全保障体系，一旦危害健康的问题发生后，可按照从产品上市至成品最终消费过程中各个环节所必须记载的信息，追踪产品流向，回收存在危害的尚未被消费食品，撤销其上市许可，切断源头，消除危害减少损失的保障体系。

3. 建设追溯系统的现实意义

在我国，食品生产、加工、储藏、运输、销售等环节的危害与关键点控制等技术一直是解决食品安全问题的瓶颈。同时，加入世界贸易组织（World Trade Organization，WTO）后，我国将有更多的食品出口，为了符合外国食品安全跟踪与追溯的要求，避开技术壁垒，促进我国食品质量的提高，增加食品的国际竞争力，需要实施食品跟踪与追溯。

构建肉类冷链追溯体系，是提高肉类安全的一项重要手段，体系的建立有以下重要意义：①加强了生产控制能力，降低了当问题发生时搜寻产品所在地和产品加工历史所需的费用；②有助于分析影响产品质量要求的因素；③可以很快地为质量检验提供所需信息；④有助于信息系统（生产管理、储存、质量等）的建立；⑤减少了消费者对问题产品信心的下降。由于实施了食品追溯系统，企业可以及时地向顾客表明问题已经得到控制，从而降低顾客的流失。

值得指出的是，追溯系统并不能降低食品危机发生的可能性，但是它可以减轻食品危机发生时所产生的后果。倘若危机发生，企业应该快速、准确、可靠地响应。

研发肉类安全生产加工全过程质量跟踪与追溯信息系统，帮助肉类生产企业提高生产效率、开展有效的全过程质量跟踪与追溯，无疑是解决我国目前肉类安全生产质量失控、保证肉类安全生产消费、促进肉类产业国际化等问题的有效途径。

（二）国外的研究概况

肉制品冷链质量追溯体系是肉制品质量安全管理体系中的重要组成部分。近几年来，主要发达国家如美国、加拿大、欧盟诸国、日本等，在肉制品追溯的法律建设和系统建设等方面采取了许多积极的措施，在实施过程中积累了丰富的经验。肉制品追溯体系建设，在一定程度上减少、弱化了肉制品质量安全中的信息不对称性问题，提高了食品质量的透明度。

自从英国出现首例疯牛病例以后，全世界比以往任何时候都更加重视与关注食品的安全与卫生。各个国家都采取了相应的措施防止食品卫生与安全问题的出现。目前，全世界已有 20 多个国家和地区采用国际物品编码协会推出的 GS1 系统，对食品的生产过程进行跟踪与追溯。GS1 系统，是目前使用最多的食品追溯系统，被广泛应用于食品、肉制品和鱼制品等的追溯上，通过 GS1 系统可以对肉制品供应链的每一个环节进行有效的标识，建立起对各环节信息的管理、传递和交换，实现对肉制品有效的追溯。

欧盟的肉制品追溯系统主要应用于畜产品的生产和流通领域，从产品的生产、运输、加工、包装到销售的生产链中，坚持生产和监管的透明度，并保持产品完整详尽的个体信息，防止与其他来源的产品混合；保留相关的数据资料和检测报告及相关证书，供下游生产者及消费者查询和检查，即下游生产商及消费者，可根据该系统所提供的条形码，进行肉制品相关信息的检查和考证，确保该肉制品的安全和优质，确保产品在意外情况下能立即回收。

美国：在畜产品方面，2003 年，美国农业部开始计划建立家畜追溯体系，要求生产者、零售商和加工厂商认真做好家畜跟踪记录，以便建立家畜标识，帮助消费者了解家畜的出生、养殖、屠宰和加工过程。据报道，此后美国对所有牛、羊和其他家畜都要求从出生之日起就戴上耳标，它将伴随动物终生。并计划最终由电子微芯片取代耳标。

英国：英国政府不久前启动了基于互联网的家畜跟踪系统（cattle tracing system，CTS），此系统把家畜的相关信息记录下来，以便这些家畜可以随时被追踪定位。该系统的四个关键要素如下所述。

（1）标牌：就像每辆汽车拥有唯一的底盘号一样，家畜也必须有唯一的号码，家畜号码一般通过标牌进行记录。

（2）农场记录：农场必须记录有关家畜出生、转入、转出和死亡的信息。

（3）身份证：1996 年 7 月 1 日出生后的家畜必须有身份证来记录它们出生后的完整信息，在此之前的家畜由家畜跟踪系统来颁发认证证书。

（4）家畜跟踪系统：它记录了获得身份证的家畜从出生到死亡的转栏情况。农场主可以通过家畜跟踪系统在线网络来登记注册他们新的家畜，也可以查询他们拥有的其他家畜的情况。这套运行良好的家畜跟踪系统可以查询目前在栏的家畜情况、任意一头家畜的转栏情况，并可对处于疾病危险区的家畜进行跟踪，为家畜购买者提供质量担保，并以此来提供消费者对肉制品的信心。

综上所述，国外食品安全监管体系也相对比较成熟，对食品追溯体系的研究较多，信息系统的建设也比较完善，较为科学、全面和系统地研究了肉制品追溯体系，主要包括标签制度、食品质量安全信息采集和发布、产品的全过程控制、风险评估等方面。但是，对肉品冷链追溯的研究还处于起步阶段。肉制品属于食品范畴，但有其自身的特殊性，特别是基于肉制品冷链条件下，对肉制品追溯体系的相关问题，缺乏系统性的研究。

（三）国内的研究概况

在我国，部分省市提出要开展肉制品追溯。北京市提出要围绕绿色奥运和放心消费环境，围绕提高肉制品安全控制水平，建立、完善对肉制品安全“从农田到餐桌”的全过程控制体系。

由陕西省标准化研究院承担的《牛肉质量跟踪与追溯系统实用方案》，在西安通过中国物品编码中心、中国标准化研究院验收，该项目已在全国实施。

福建省也提出要利用 EAN · UCC 系统（2005 年更名为 GS1 系统）开展肉制品质量安全追溯，实现对农副产品卫生安全的有效监督。中国物品编码中心于 2004 年开始启动“中国条码推进工程”，推动 EAN · UCC 系统在农副产品跟踪与追溯方面的应用是其中的一项重要内容。由于国家的不断重视、人民的强烈需求，肉制品追溯体系在一定程度上取得了一些成果。

2002 年，河南省全面实行动物免疫标识制度。规定在猪、牛和羊出售、屠宰、加工时，凭免疫耳标、免疫证出具产地检疫证和屠宰检疫证明。没有有效免疫标识的牲畜一律不准上市流通、屠宰和加工。动物免疫标识主要包括免疫耳标、动物免疫证和免疫档案。对猪、牛和羊免疫，实行一畜一标，耳标固定在牲畜左耳上。耳标在屠宰检疫后将按规定收回。同时，每头牲畜都必须建立动物免疫档案，以记录畜主姓名、性别、畜别、特征、疫苗种类、生产厂家、生产批号、接种方法、接种剂量、免疫数量及免疫员签名等内容。

二、本系统建设内容

采用信息化手段，以标准化生产方式，实现肉制品的工业化和产业化，通过“公司+基地”的经营模式，建立食品安全“从农田到餐桌”全程的控制与追溯信息系统，向广大消费者提供安全可靠的肉类食品及相关信息。

（一）追溯体系建设

推广应用 RFID 技术和条形码技术相结合的自动识别技术，在 HACCP 的基础上开发一个整个产业链的食品安全控制与追溯体系，防止生产过程中危害的发生和在发生危害后及时追溯处理。打造从源头（种猪选育）到终端（销售）全过程严格控制的产业链，形成企业的闭环生产，保证向市场提供安全可靠的优质肉类食品。

本系统通过应用信息技术，采集肉制品冷链中生产、屠宰、销售的相关信息，包括生产、加工、物流、销售信息，实现对肉类食品冷链全过程的信息监控，以期使我国食品安全信息应用水平达到或赶上国际先进水平。通过本系统可以达到以下几个方面。

1. 全程管理

系统采集肉制品冷链中全过程信息，监管部门可对肉食品冷链各环节进行监管，及时发现排除安全隐患，排除不诚信的企业，实现由“农田到餐桌”的全过程管理。

2. 溯源追踪

本系统中，可以随时快速地查找冷链中肉类食品的物流信息。既可对出售的肉食品追溯到产地源头，也可查找某一产地、某一批次的去向状况。对于疫病发生或发现不合格食品时，最大限度地降低损失。

3. 早期预警

系统采集了各生产企业日常的养殖信息、病疫信息、死亡信息、用药信息、检测信息及运输途中的相关信息。通过对比分析、历史查询和早期预警模型可以尽早掌握疫病的情况。

4. 决策支持

系统采集了食品供应链中安全生产信息、物流信息和销售信息等全过程信息，为科学决策提供了准确及时的数据。

（二）终端查询的建设

消费者可以利用设立在超市、连锁经营店的多媒体终端设备，对条形码进行扫描识别，其可以清楚地看到该产品的生产日期，生产企业的名称、品牌、认证信息，产品的生产地、加工地情况，药物残留情况及检疫检测情况等生产信息，消费者都能亲眼看见，可以放心购买，安心消费，更好地保护了消费者的知情权。

三、本章内容与思路

肉产品冷链质量追溯系统主要由肉制品安全监控与管理体系、肉制品冷链体系、肉制品质量追溯系统三部分构成。其中，肉制品安全监控与管理体系，肉制品冷链体系是肉制品追溯体系的支撑体系，是肉制品质量追溯信息平台的外部条件；肉制品质量追溯系统是整个体系的核心。

第二节　肉制品冷链的分析与组织

一、肉制品冷链概述

所谓冷链（即冷藏食品的供应链）是指易腐食品在生产、储藏运输、销售到消费前的各个环节中始终处于规定的低温环境下，以保证食品质量、减少食品损耗的一项系统工程。

肉制品冷链是指为了满足用户需求，实现肉制品价值而进行的肉制品物质实体及相关信息从生产者到消费者之间的物理性经济活动，是由肉制品生产者、加工企业和肉制品分销商、零售商及物流配送企业等“从农田到餐桌”上下游企业构成的网链状式体系。具体地说，它包括肉制品生产、收购、运输、储存、装卸、搬运、包装、配送、流通加工、分销、信息活动等环节。根据肉制品追溯系统的需求与肉制品的生命周期，本节对质量追溯系统的研究是基于冷链的，肉制品冷链的主要研究包括养殖、肉制品加工、保鲜、流通、市场销售等过程，并且在这一过程中实现肉制品价值增值的目标。

二、肉制品冷链的基本结构

一般而言，肉制品冷链由四个环节组成：生产资料的供应环节、生产环节、加工环节及销售环节。冷链的表现模式是一个网络结构，是由物流、信息流、资金流贯穿连接而成。其简化结构模型如图 9-2 所示。

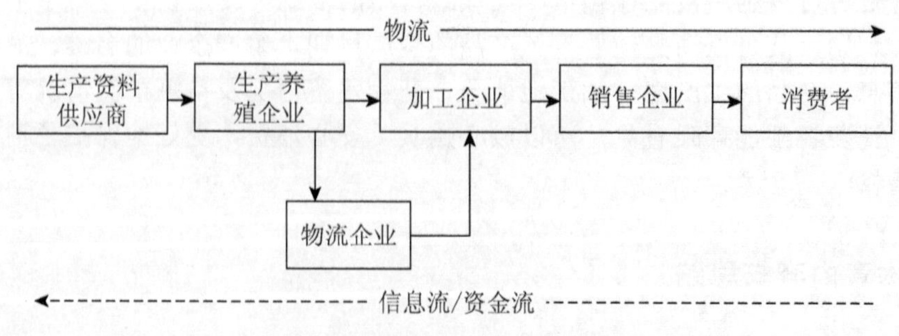

图 9-2　肉制品冷链的简化结构模型

肉制品冷链的要素企业包括：①生产养殖企业，即肉产品的养殖企业；②加工企业（即产品制造业），是产品生产的最重要环节，负责产品生产、开发和售后服务等；③销售企业，即将产品销售给消费者的企业；④物流企业，即专门提供物流服务的企业。

三、肉制品冷链的组织模式

肉制品冷链的组织模式是指与肉制品冷链相关的各个要素相互作用、相互联系而构成的一个能够完成肉制品流通功能的物流组织方式。根据要素的性质不同，将冷链体系分为三部分：冷链主体、流通衔接、流通功能。由于不同主体在一定的制度约束下选择不同的流通衔接方式以不同的组织形式执行不同肉制品流通功能，由此形成了具体的物流活动与冷链的组织模式。正是这种冷链体系的特点，决定了肉制品冷链的模式多样性，同时，给肉制品追溯系统的构建，带来了诸多困难，需要对冷链进一步进行规范与优化，才能系统地满足需求。否则，冷链的复杂性、多样性，将造就产品流程的不规范与多变特性，导致肉类产品在现有条件下很难进行准确的追溯。

随着国民收入水平的进一步提高，肉制品批发市场和集贸市场迅速发展，市场规模不断扩大，交易方式和市场功能也开始多样化，促进了以批发市场为龙头、以集贸市场为基础的完整肉制品物流冷链体系的形成，其主要形式如图 9-3 所示（实线表示肉制品的主要流通方式）。这是我国内部肉制品销售的主要模式，其中批发市场是整个冷链的核心。

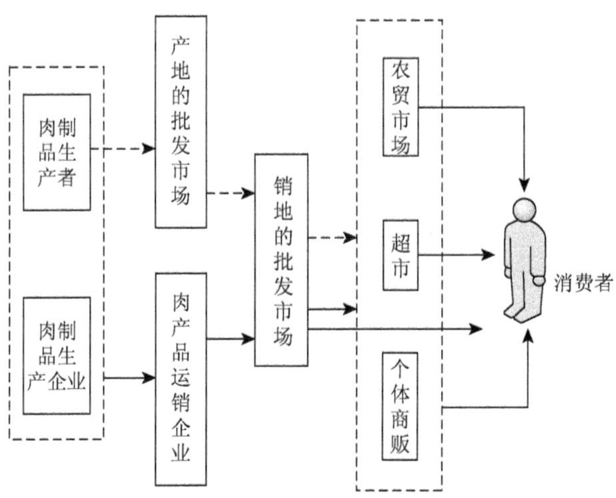

图 9-3　肉制品冷链的一般模式

四、肉制品冷链的分析

(一)基于冷链主体的分析

1. 企业主体进入条件

系统构建的需求及提高肉制品质量的安全措施需求，对冷链的企业主体提出了一定的要求，企业主体进入肉制品追溯体系应满足以下几个条件：①需要形成一定的生产规模。获得安全肉制品论证资格和建立安全质量管理体系需要大量的人力和物力投入；②拥有安全优质肉制品的生产和管理技术、设施设备及人才；③获得有关部门安全产品生产的论证资格和系统准入资格；④有自己的产品品牌，利用自身的信誉来保证产品质量的安全；⑤有生产安全优质肉制品的强烈意识。

2. 物流主体的现状

1）经营主体的状况

现有的肉制品冷链体系，是建立在家庭经营基础上，从事肉制品经营的主要是广大的农户、个体私营肉制品商贩，肉制品生产规模小、资金匮乏、竞争能力弱，由于存在先天的缺陷，很难保证肉制品的质量安全。

2）销售主体的状况

现阶段我国肉制品的零售物流企业主要有农贸市场、超市连锁店，农贸市场是居民日常消费的主要场所。但是农贸市场本身规模小，且经营缺乏规范，产品缺乏可追溯性，无论是硬件设施还是信息化程度都很低，造成无法为上级供应商（主要是各批发市场）提供准确的销售信息反馈，也不能为冷链的消费者提供安全保证。因此，人们目前往往更倾向于在售后服务等各方面都有保障的超市连锁店中消费，而农贸市场将在肉制品供应链中逐步退出是发展的趋势。

通过以上分析，可知当前的供应链结点与系统的准入标准之间存在着矛盾，要实现肉制品的追溯，必须对现有的冷链进行组织优化。

(二)供应链节点之间的衔接分析

在冷链的衔接过程中，主要存在以下问题：①流通环节过多；②肉制品交易成本高，消费群体小，不利于供应链合作伙伴联盟的形成；③各个节点之间物流设备差异较大，很难实现比较规范的管理与流通，在运输生鲜肉制品时，缺乏冷链系统；④流通过程中供应链的各主体之间信息流通不畅；⑤企业之间关系比较松散，缺乏统一的信息枢纽和协调机制，很难形成一个战略整体，各个环节的信息很难实现共享，产品溯源很难实现，无法对整个供应链进行质量监管监控；⑥信息的传递方向是单向的，上游企业不能共享下游企业的信息；⑦各种渠道之间是相互关联的，安全渠道与非安全渠道汇合，将造成产品质量的混合，很难进行区分，无法对肉制品溯源，一旦出现安全问题无法找到出事源头。

因此，建立在现有个体商贩基础上的肉制品冷链模式是不能够承担安全、优质肉制品的流通工作的，需要对肉制品的冷链进行结构重组与优化，以解决系统需求与现实问题之间的矛盾。

五、肉制品冷链的质量追溯过程控制

根据肉制品的流动过程，分别从以下三个环节讨论肉制品质量追溯过程的组织控制。

1. 生产环节的组织

我国的生产组织方式，绝大多数属于零星生产方式，这种方式在一定时期，对肉类生产发展起到了很大的作用。但是，就当前而言，存在一定的局限性，特别是在经济发展的时期，很难实现规模化与规模效应。这种生产方式，也奠定了在现有流通方式下生产主体规模较小、服务能力差、竞争力不强的特点，使农民在市场上处于被动地位。要改变中国农民在市场竞争中的弱势地位，增强肉制品的市场竞争力，提高肉行业的市场化、专业化和科技化水平，就必须积极稳妥地推进新的组织管理与技术。

要实现对生产过程的全方位跟踪，零星的生产方式还难以达到这个条件，所以需要逐步实现由个体生产向组织生产转变，由小量生产向批量规模化发展。另外，宣传要做到位，让人们吃放心安全肉。实现生产与加工一体的生产组织方式，进行统一生产，统一调配，从而实现全方位地建立起从生产源头到销售环节的质量追踪。

2. 流通环节的组织

通过对我国传统的冷链模式分析可知，批发市场是肉制品流通主渠道中的一个关键性环节，它将众多肉制品通过多种供应渠道汇集到一起，然后通过各种销售渠道送达消费者。由于肉制品批发市场的主体是由商贩的形式组成的，规模小、信息化程度低，很难实现与农户和下游的销售企业形成关系密切的伙伴关系，冷链的信息不够透明，很难实现产品的追溯。

逐步实现批发市场向区域性多功能的物流中心转化。肉制品的生产与销售对肉制品的流通模式有着重大影响，通过对生产与销售的模式进行组织优化，为流通环节的组织提供了有利的条件。物流中心集约化、生产与销售统一，有助于销售渠道的简化与统一，为肉制品冷链一体化的采购、运输、存储、加工提供了条件。因此，功能集约化的肉制品物流中心不但可以减少产品流通环节，促进作业的规范化，减少被污染的概率，而且还可以通过物流中心的信息平台，实现与上下游企业之间的信息沟通。

3. 销售环节的组织

我国肉制品销售基本是以农贸市场为主、超市连锁为辅的销售组织方式。农贸市场作为肉制品的销售终端，其传统的组织方式，很难满足肉制品追溯系统的需求。超市作为一个集约化经营程度较高的企业形态，比较适于当前肉制品追溯的需求，但其采购环节还需要进一步的优化与组织。

1）连锁超市模式

经过多年发展，特别是大中型城市，超大中型连锁超市集团已经成为肉制品销售的主要渠道之一，并且大有取代农贸市场的趋势。肉制品连锁超市正在快步进入社区，进入农贸市场，逐步成为广大群众放心购物、安全消费的主要场所。大多数连锁超市在总部建立了产品质量检测室，部分连锁超市还在门店里设立了产品检测站点。连锁超市目前仍然是零售环节肉制品安全状况较好的销售渠道。

超市存在的主要问题是现有超市销售企业的肉制品采购模式，基本是直接从批发市场进行采购。而批发市场渠道途径的复杂性，导致产品供应不稳定，成本过高，很难和农贸市场进行竞争。

超市连锁，必须加强与上游企业的战略合作，加强产品采购与供应的稳定性。可通过区域性的肉制品物流中心建立合作，由物流中心实现肉制品的采购与配送工作，可以有效降低采购的风险，降低物流成本。物流中心的统一管理与服务，能够较好地对肉制品的加工环节进行质量安全监控，同时，企业完善的信息系统，实现内部数据与信息平台的数据交换，为肉制品的追溯提供了较完善的设备设施。

2）农贸市场模式

传统的以商贩为主的农贸市场管理模式，管理比较松散，很难对商贩经营的肉制品进行全面的质量监督。各个商贩一般是从批发市场或从农民手中直接采购，因为批发市场与个体农民供应的不稳定性，所以导致了商贩采购渠道的不稳定性与多样性，这与信息的有效采集与流通产生了矛盾。同时非安全肉制品的存在，导致了安全肉制品的监控成本过高，因此，现有的模式很难保证信息的全过程流通，对肉制品追溯的实现带来了困难。

对农贸市场模式，首先要进一步推广农改超的改革，使农贸市场逐步转型。改革的目标是把城市原来“脏、乱、差”的肉菜农贸市场新建为“商品品种多样、绿色环保、价廉物美、整洁便利，服务热情周到”的农菜产品超市。其次，逐步改变农贸市场原有的贸易方式，在农贸市场中引入超市连锁店。再次，加强产品的质量认证，加强产品的市场准入。最后，简化市场的功能，禁止在市场内部进行加工。从物流中心采购的肉制品是经过加工、包装可以直接进行销售的肉制品，由于个体商贩的特点，不允许商贩在贸易市场拆除包装，进行分散销售。

六、肉制品冷链组织的构建

随着我国经济的发展，我国肉制品供应链的组织运作模式已不能满足市场与肉制品质量安全监控的需要。从肉制品供应链的角度看，构建一个包括生产、加工、销售、流通等环节在内的完整、质量安全的肉制品冷链模式，有助于提高肉制品的质量安全，有助于增加全过程信息的透明度，还有助于肉制品追溯系统的构建。

通过对销售渠道、生产主体、销售主体的分析，在我国传统肉制品供应链的基础上，通过上面对供应链组织的建议对传统肉制品供应链进行改进，本节提出了构建肉制品供应链的模型（图 9-4）。该模型相对传统的肉制品供应链模式具有以下特点：①有效减少了肉制品的流通环节，降低了物流成本，降低了肉制品变质、污损的概率；②对现有肉制品生产、销售企业进行了有效组织，为肉制品的标准化作业提供了条件；③加强了供应链结点企业之间的协作，加强了肉制品供应链的稳定性；④提升了服务质量，改善了客户关系，整个肉制品供应链完全根据消费者客户需求进行协同管理，提高了工作效率，提升了客户满意度和忠诚度，建立了长期客户关系，提高了企业品牌美誉度；⑤肉制品的生产监管机构、检疫机构、市场监管机构等也可以集中对肉制品企业的生产加工、市场准入、质量安全直接进行监管，降低了监控成本；⑥实现了供应链节点企业之间的信息透明，提高了供应链管理的柔性，降低了供应链物流管理的成本和风险，使肉制品市场需求信息准确及时地到达供应链中的相关节点，使农业生产更有计划性，从而减少农民的市场风险，提高农民收入。使肉制品在“从农田到餐桌”的这一过程中始终处于一种透明和可控制的状态，肉制品质量安全得到有效保障。

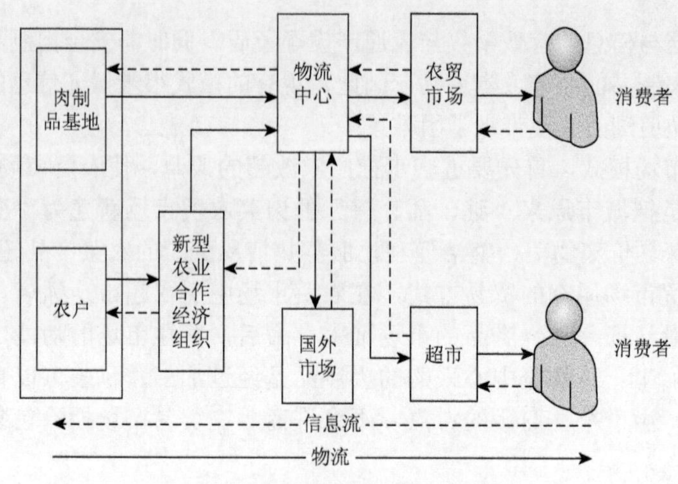

图 9-4　肉制品追溯条件下的冷链模式

第三节　肉制品质量追溯系统的分析

肉制品质量追溯系统是肉制品供应链追溯体系的核心。根据肉制品冷链组织模式分析、肉制品质量安全需求，本节从总体上分析了肉制品追溯系统的目标与任务。在此基础上，对系统进行了总体需求分析，给出系统的空间构架、功能结构及系统总体构架的设计，希望有助于系统构建。

一、系统的目标与任务

肉制品供应链追溯系统的设计目标是让生产者方便入市销售产品，实现优质优价及增加收入，让管理者能够及时准确地掌握肉制品质量安全状况、让消费者能够进行肉制品质量溯源和获取相关信息，建立肉制品生产、加工、流通全过程的安全监督检测，预警控制等信息的记录、传递与管理功能，实现肉制品质量安全从“农田到餐桌”的全程控制和质量溯源。

肉制品供应链追溯系统的设计任务是实现：①生产者可注册进行商品生产并把生产中的一切真实信息输入系统；②加工者也要把加工过程中的所有信息上报，并输入系统；③系统产生商品标签编码，用唯一编码对应生产者和产品的信息；④运输物流把运输过程中的问题和公司名称对应编码输入系统；⑤消费者可以使用编码和商品名称查询产品信息。

二、系统用户范围确定

根据肉制品供应链的可追溯模型，并按照系统作业流程，将系统用户主要分为养殖企业、加工企业、流通企业、消费者、系统管理机构、监督检测单位。

（1）养殖企业：主要包括一般农民、农场等，对个体信息、养殖信息进行录入，并负责向下游供应链企业和数据中心传递数据。

（2）加工企业：一般是政府制定的定点屠宰企业。企业要核对畜产品信息，对屠宰分割的信息进行登录，并负责向下游供应链企业和数据中心传递数据。

（3）流通企业：主要是从事肉制品运输、存储的企业。企业要记录产品的位移信息和存储、销售信息，并负责向下游供应链企业和数据中心传递数据。

（4）消费者：消费产品的个人或企业。他们可以通过多种方式对产品全过程信息进行查询，并记录客户反馈信息。

（5）系统管理机构：负责系统运营的机构组织。配合以上用户进行信息登录，并进行数据信息的监控，实现信息的有效传递，负责系统数据的日常维护工作。

（6）监督检测单位：负责肉制品质量安全的机构。对企业内部作业，以及外部流通过程的有效监督与核查，保证登录数据的正确与有效。

三、系统追溯的范畴

根据系统的任务，实现肉制品的追溯功能，建立肉制品的生产、加工、流通全过程的安全监督检测、预警控制等信息的记录、传递与管理，就必须要明确系统追溯的范围。

（1）时间范畴：畜类生物的整个生命周期，包括出生信息，出生的时间母体情况，到生物的屠杀分割，直至到达消费者手中的各个环节。

（2）区域范畴：确定区域的位置，以及区域的范围大小。

（3）对象范畴：包括肉制品供应链的各个节点企业及追溯的产品种类。

四、可行性分析

可行性分析（feasibility analysis）也称为可行性研究，是在系统调查的基础上，针对新系统的开发是否具备必要性和可能性，对新系统的开发从技术、经济、社会的方面进行分析和研究，以避免投资失误，保证新系统的开发成功。可行性研究的目的是用最小的代价在尽可能短的时间内确定问题是否能够解决。该系统的可行性分析包括以下几方面的内容。

（1）经济可行性：主要是对项目的经济效益进行评价。本系统开发经费对于政府、企业、消费者在经济上是可以接受的，并且本系统实施后可以显著提高工作效率，有助于肉制品质量的提高，所以本系统在经济上是可行的。

（2）技术可行性：技术上的可行性分析主要是分析技术条件能否顺利完成开发工作，硬件、软件能否满足开发者的需要等。该管理系统采用 VS 2005 的集成环境进行开发。而且又紧密结合了 Internet/Intranet 技术，是技术发展的大势所趋，它把应用系统带入了一个崭新的发展时代。因此，系统的软件开发平台已成熟可行。硬件方面，科技飞速发展的今天，硬件更新的速度越来越快，容量越来越大，可靠性越来越高，价格越来越低，其硬件平台完全能满足此系统的需要。

（3）管理可行性：主要是管理人员是否支持，现有的管理制度和方法是否科学，规章制度是否齐全，原始数据是否正确等。政府的规章制度和管理方法为系统的建设提供了制度保障。

综上所述，此系统开发目标已明确，在技术和经济等方面都可行，并且投入少、见效快。因此系统的开发是完全可行的。

五、功能需求分析

系统所实现的功能主要是在全国各地都可以用终端设备查询到产品的综合信息，主要采用浏览器/服务器的服务模式，建立大型的数据库，使用 WEB 网页访问数据资源。

1. 生产者和加工者的注册

生产者要想自己的产品投放入市，加工者想要加工相应的产品，就必须在相应的管理部门进行注册（图 9-5）。各地管理部门都配备有数据库管理子系统，生产者注册要输入生产者的姓名、地区；加工者要输入加工单位、备注（为以后的加工信息填写）。然后数据库管理子系统会分配给生产者和加工者一个唯一的账户，数据库管理子系统会把生产者的信息（姓名、地区、账户）、加工者信息（生产者账户、加工者账户、加工单位、备注）输入生产履历中心，这就完成了注册。生产者和加工者可用此账户进行网上登录，修改自己的信息。

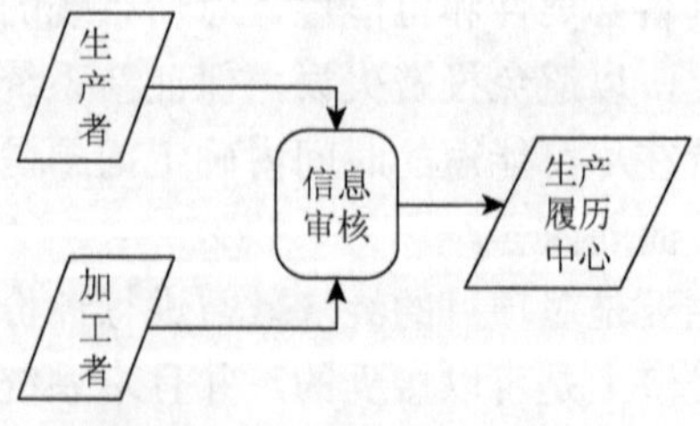

图 9-5　生产者和加工者的注册

2. 产品信息输入

如果有条件的生产者可以自己登录账户进行产品的信息输入（图 9-6），生产者只是完成了信息的录入工作，然而产品是否如生产者所说，就要进行检测，产品则由检测后才能入市，或者进入下一个阶段。

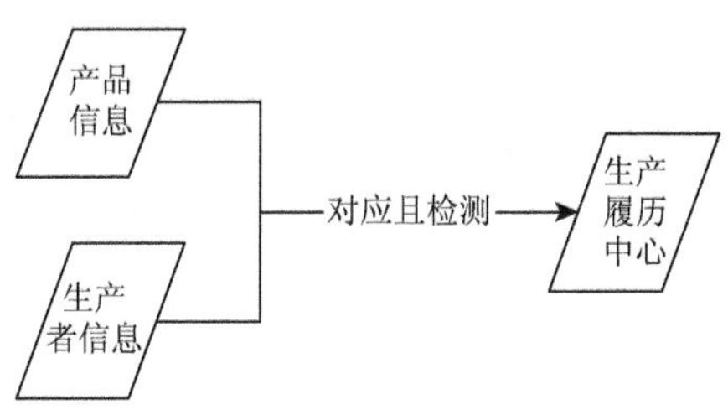

图 9-6　产品信息输入

根据对“从农田到餐桌”进行全程控制的要求，发展食品生产、加工、储运、包装等各环节的安全技术，建立对食品安全进行全过程控制的技术体系。

3. 包装编码

包装编码是食品质量安全追溯系统的一个主要环节，此环节直接关系到产品的检索过程（图 9-7）。在产品的包装阶段，加工者需要把加工过程中的一切信息输入系统，加工食品的来源（生产者账户）、加工过程中储藏情况、加工中调料的添加、其他化学物品的使用、加工车间的空气情况、加工水源地的水质情况等，加工者把加工的信息输入加工信息表的备注栏。

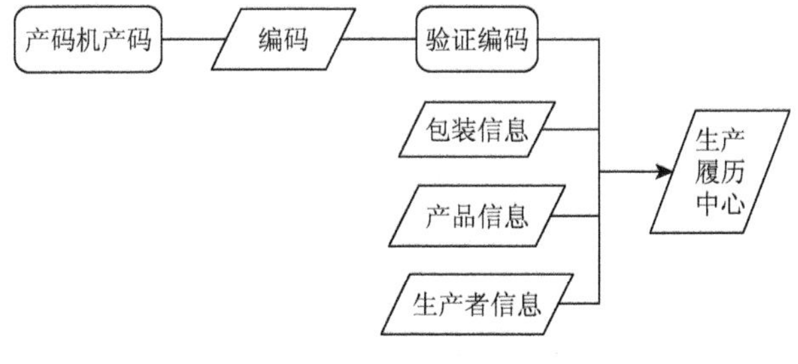

图 9-7　包装编码

当加工者输入加工信息时就需要给产品分配一个编码，即条形码。数据库管理子系统这时就会自动建立一个综合信息表，把生产者的账户、加工者的账户，以及编码输入表格，形成综合信息表，形成对产品信息的映射。

4. 查询

查询是最终的目的，整个系统是否健全，能否实用，就要看这个环节的查询结果。当需要查询产品信息时，消费者可以进入系统 WEB 网页，输入产品的条形码，进行查询；或者消费者在超市的触摸屏上输入条形码；或者运用条形码的扫描设备，进行条形码信息的输入。WEB 网页与数据库管理子系统相互关联，当消费者要查询时，数据库子系统通过表之间的关联，把综合信息表中的生产者账户和加工者账户进行关联，找到相应的生产者信息表、产品信息表、加工者信息表，并把这些表中的信息综合输出，提供给消费者参观（图 9-8）。

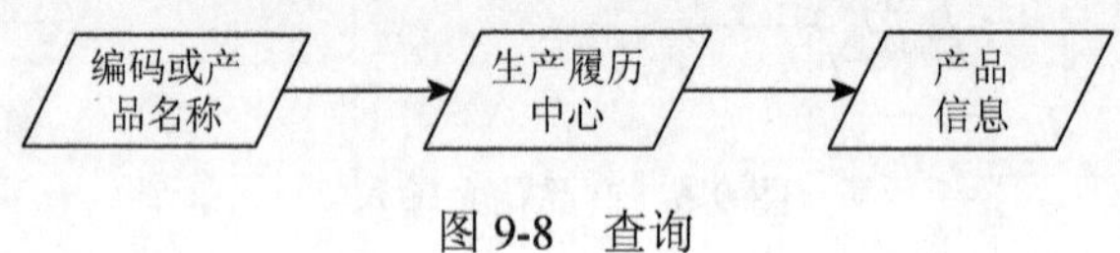

图 9-8　查询

六、肉制品业务流程分析

肉制品的业务流程是在肉制品供应链的基础上，对肉制品从出生到产品的一个全过程关键环节的分析，为系统的构建提供参考[124]。畜类肉制品的业务流程如图 9-9 所示，该过程主要分析了畜类产品的生长、屠宰、加工、销售环节，为肉制品供应链追溯系统的系统功能提供分析的依据。

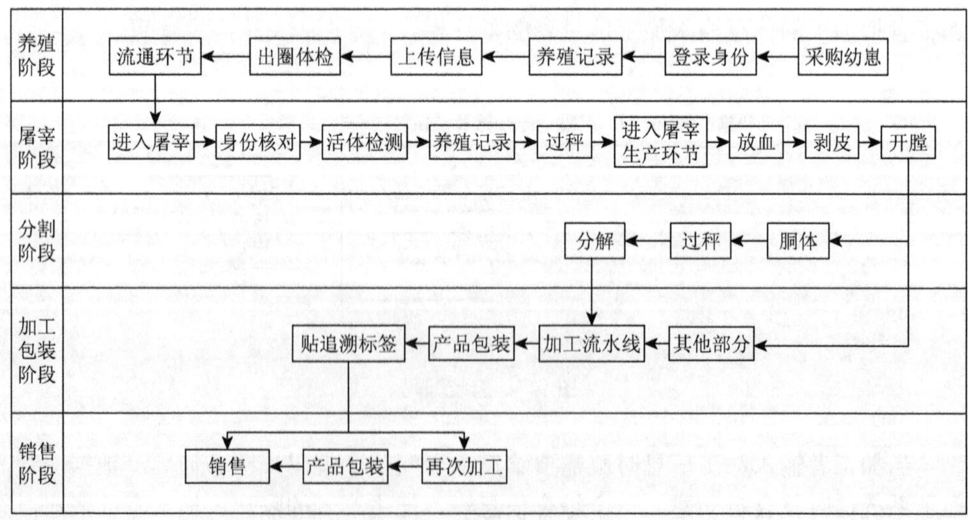

图 9-9　业务流程分析

通过以上分析，根据系统需求确定了肉制品的追溯对象及追溯的模式，在此基础上，根据流程的不同阶段，对肉制品进一步研究追溯的方法。

养殖阶段，同一批幼仔进入养殖场，记录每一个产品的具体出生信息并按照喂养环境的不同（同一个围栏或舍号），对幼仔进行分批饲养，并记录幼仔的饲养批号，实现对养殖环节个体追溯与成批追溯的混合追溯，为后续环节提供必要的养殖信息。当需要从养殖场售出时，需要记录肉制品的出厂批号。

屠宰和分割阶段，产品信息之间的变化较大，是信息采集与信息关联的重要环节。为满足系统的个体追溯模式需求，个体之间应该实施分离措施，进行个体的分割与屠宰，不应将不同的畜体分割产品混合处理，以实现产品的有效追溯。

加工包装阶段，应建立批号管理。一个屠宰阶段的批号可以包含多个畜体，也可以包括多个出厂批号，这些信息有单个的个体信息记载。对于屠宰分割阶段的产品追溯，也可以通过成批追溯模式的方法进行管理。

销售阶段，销售企业采购回来的产品，可以是成品，也可以是半成品。由于销售系统使用的一般是国际编码，因此，原产品的编码应转换为国际编码，并通过数据关系建立关联，实现两个编码的联系与统一。销售阶段的半成品可以分解为两个过程：分割加工过程与分割后的产品转化为成品的过程。

七、总体数据流程分析

总体数据流程的解析如图 9-10 所示。

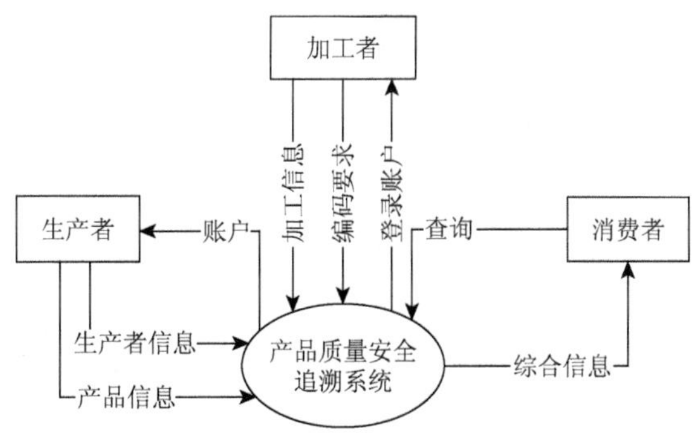

图 9-10　总体数据流程图

生产者输入生产者信息到系统，系统返还一个登录账户，以后生产者可以用这个账户进行登录输入产品的信息。

加工者输入自身的信息进行注册，系统返还一个登录账户，加工者也可以用这个账户登录输入产品的加工信息。且加工者在加工完包装的过程中需要系统分配给产品的编码，加工者提出此要求，编码将和产品信息、生产者信息、加工者信息一起被映射到综合信息中。

消费者查询产品的信息时只要进入相应的网页，输入产品的编码（条形码）就可以查询产品的综合信息，或者在超市的触摸屏上输入编码，或者用扫描设备把条形码扫描到检测设备，就可以查询产品信息。

第四节　肉制品质量追溯系统的设计

一、系统规划和设计原则

通过对国内肉制品追溯信息系统的初步研究，可以确立建立一个良好的、有效的肉制品追溯系统，需要遵循的基本原则，主要有以下几个方面。

（1）科学系统原则。既要从整个管理系统出发，遵循肉制品质量安全管理的一般规律，又要从信息收集、加工、传递、储存等工作系统出发，周密地进行系统设计。

（2）经济效益原则。建立肉制品质量安全管理信息系统，需要花费一定的财力、人力和物力，应努力做到以最小的耗费提供效益大、数量多、价值高的管理信息。

（3）适应性原则。不具有实施的可能，不能适应管理目标要求的管理信息系统是没有任何价值的，应该把各种变化因素尽可能地考虑进去，以提高系统的应变能力。

（4）可行性原则。全面考虑所研制的系统在目前的人力、财力和物力下是否具有一定的可行性。同时还应考虑系统设计的适当超前性，以保证系统功能的有效期限能长一些。

（5）通用性原则。考虑与其他通用追溯系统相结合的原则，如当前比较成熟的 EAN · UCC 系统，制定符合国际化的通用原则与标准。

（6）统一规划、局部实施的原则。整个系统进行统一规划，避免重复规划与建设，在时间上，应采用近、远期结合的原则；在空间上，采用由局部向全局推广的原则；在功能上，首先实现基本功能，其次在此基础上完善其他辅助功能。

二、基本设计概念和处理流程

本系统采用自上而下的逐层分解方法，先建立上层的功能，再逐渐实现细节的功能，即在原来的基础上一步一步地实现，直到最后完成。

（一）处理流程

基本的处理流程如图 9-11 所示。生产者输入生产者信息进行注册，输入产品信息，生成相应的编码，在整个数据库中进行信息的整合，把几个信息表映射到一个综合信息表中，以便消费者可以查找产品的综合信息。

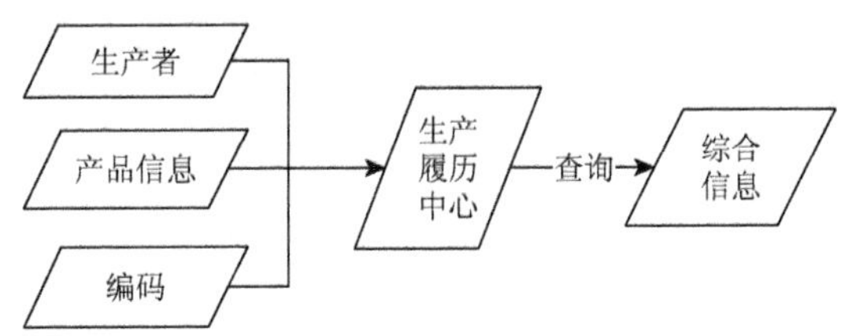

图 9-11　处理流程

（二）接口设计

1）用户接口

用户只要运用终端设备，提供产品的编码或名称，或者用扫描设备把产品的编码输入查询系统，系统将返回产品的所有信息。

2）内部接口

主要模块之间的调用：当生产者注册、加工者注册、产品信息输入时，数据库管理子系统需要调用档案管理子系统，进行信息档案的输入。

当加工者需要输入加工信息时，授权卡子系统需要调用产码机子系统，产生编码，数据库管理子系统调用授权卡子系统产生的合格编码后把编码输入档案管理子系统，档案管理子系统把生产者信息、产品信息、编码进行信息整合，输入生产履历中心。

当消费者需要查询产品的信息时，查询子系统需要调用档案管理子系统，档案管理子系统从数据库（生产履历中心）中取得数据输出给消费者（图 9-12）。

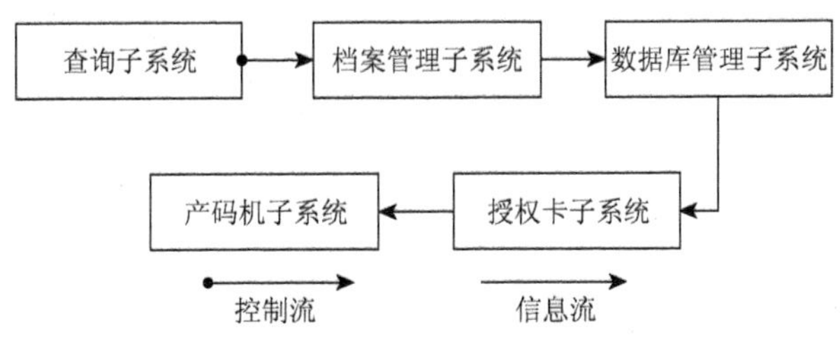

图 9-12　接口设计

（三）系统总体流程

系统的总体流程解析：生产者到当地的管理部门，把自己的信息输入数据库管理子系统，进行账户注册，数据库管理子系统返给生产者一个登录账户。生产者生产产品，并记录产品在生产过程中的一切信息。

加工者也要进行注册，并返还一个登录账户。当产品进入加工者手里时，加工者需要记录加工过程中的一切信息，产品要入市就要有一个标识码（条形码），产生编码需求，产码机子系统产生编码，通过授权卡子系统检验，把合格的编码和产品信息输入数据库管理子系统，数据库管理子系统又输入档案管理子系统，档案管理子系统把这些信息和生产的信息经整合输入生产履历中心（图 9-13）。

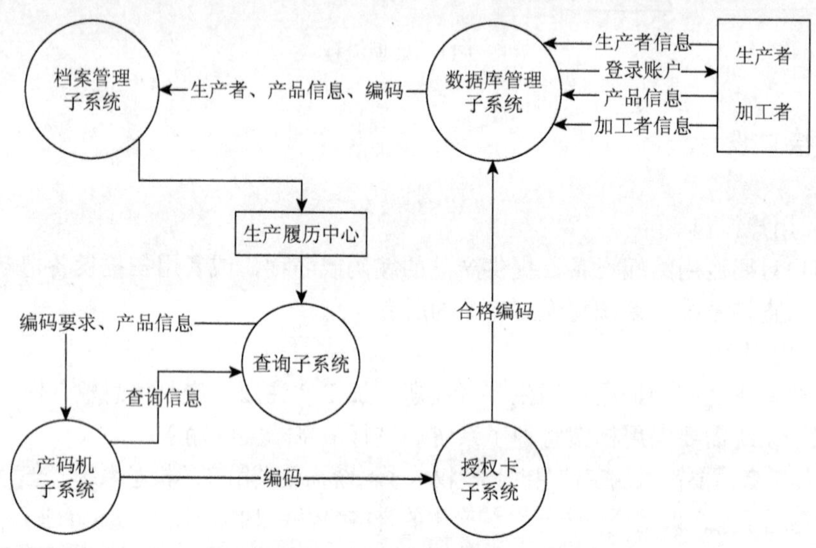

图 9-13　系统的总体流程图

消费者要查询产品的信息，在系统的 WEB 网页输入产品的编码，或者运用扫描仪扫描产品的编码到触摸屏，就可以查询产品的综合信息（图 9-14）。

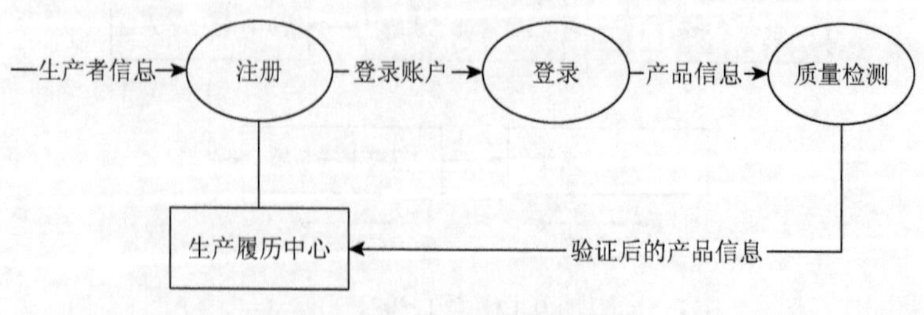

图 9-14　产品追溯流程

（四）运行设计

（1）运行模块组合。

注册：数据库管理子系统，生产履历中心。

查询：生产履历中心。

产品信息输入：数据库管理子系统，生产履历中心。

加工信息输入：数据库管理子系统，生产履历中心，授权卡子系统，产码机子系统。

（2）数据流的变换（图 9-15）。

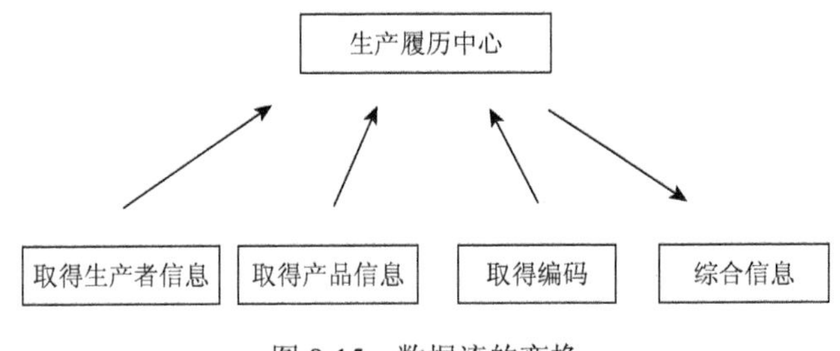

图 9-15　数据流的变换

三、系统环境要求

软件系统开发基于 Windows Server 2003 Enterprise Edition 服务器操作系统，以 Microsoft IIS6.0 为互联网信息服务平台，数据库采用 Microsoft SQL Server 2000，系统开发工具选用 Visual Studio 2005.NET。软件系统在养殖场和屠宰场采用服务器/客户机（Server/Client）架构。当出售或销售时，通过 Web 服务（Web Service）将身份和养殖信息上传到网络服务器。

软件配置（建议）如下。

数据库：SQLServer 2000。

开发语言：vb.net。

操作系统：Linux redhead 4.4。

四、系统的体系架构

肉产品追溯系统是一个分布式应用系统，依据用户界面和后台数据之间层次数目的不同，现在比较常用的是 C/S 结构、B/S 结构。系统主要包括一个系统平台和多个客户端系统，系统采用中央组织模式。系统平台主要由中央数据库与中央系统构成，其中客户端系统的数据是中央数据库数据的主要来源。由于系统功能及系统信息采集数量的不同，系统采取的架构也不尽相同，所以应分别进行探讨研究。

1. 肉产品冷链追溯平台

肉产品冷链追溯中央系统是整个平台的信息中心和神经中枢，其核心功能是实现各个客户系统信息的收集与管理，对整个平台起到集中调度的作用。系统中任何企业、用户对信息的查询，只需要到中央数据库中进行查询即可，不需要再到上游的各个企业数据库中进行查询。其优点是系统查询速度快、数据齐全，一旦产品出现问题，便于系统及时召回，同时可以加强供应链企业的信息共享，加强企业之间的合作关系。

基于以上分析，本节对系统平台架构建设的建议方案为：建议采用系统开放性较好的、建立在广域网之上的 B/S 系统。B/S 系统不必建立专门的网络硬件环境，只要有操作系统和浏览器就可以在有网络地方登录系统，可以随时随地查询肉制品历史信息。B/S 模式的系统架构，可以降低整个平台系统的建设成本和系统维护成本，而且维护和升级方式简单。

2. 客户端系统体系架构

根据肉产品供应链节点企业的特点，企业分布在不同的地域要实现不同的系统功能，关键的问题是要实现信息的有效采集与传递、信息的采集方式，同时要结合用户企业自身的类型及特点，采用不同的系统架构。对于客户端系统架构的建议如下所述。

（1）根据系统信息采集比较频繁，信息采集量较大，对系统速度要求较高企业，建议采用 C/S 结构。例如，屠宰加工企业一般采用自动化、流程化作业，而且中间环节较多，过程也比较复杂，对身份标识信息的信息采集比较频繁，需要采集的信息量较大。因此，B/S 模式的系统很难满足需求；销售企业的 POS 对系统信息采集的速度要求也很高，一般也是此种情况。

（2）根据企业用户的特点和企业的系统功能确定系统应采用的模式。例如，养殖企业其特点是：空间分布广、企业规模参差不齐、信息化程度也不尽相同、养殖周期长、信息采集量不大、对系统数据传输要求不高、通过浏览器将信息提供到中央数据库。此类企业建议采用 B/S 结构。

（3）根据系统的功能。本系统的主要功能是实现对产品信息的追溯和信息的查询，因此，为满足不同客户需求，建议采用开放性较好的 B/S 模式系统。首先此模式的系统便于信息发布。其次，B/S 模式系统有较好的开放性，用户可以在有网络的计算机上实现产品信息的查询。通过以上分析，笔者认为，在肉产品追溯系统中，以 B/S 模式为其基本架构，以 C/S 模式为补充的混合结构模式，这种混合模式集两种架构的优点于一体，扬长避短，从而其运行速度、信息承载、数据安全等各方面性能更优。

五、系统的功能结构

肉制品供应链的组织模式和质量安全与监控体系的优化及改进，为肉制品供应链追溯系统的建设提供了必要的外部条件。能够把肉制品供应链中与质量安全相关的、有价值的信息有效保存下来，以备消费者、政府部门和企业查询，能够快速有效地识别和处理肉制品质量安全事件，分析产品问题环节，及时进行产品召回，从而减少对人类健康的危害和企业面临的经济损失。

在肉制品追溯体系的具体设计中，首先讨论系统功能的总体结构，系统的总体功能结构如图 9-16 所示。

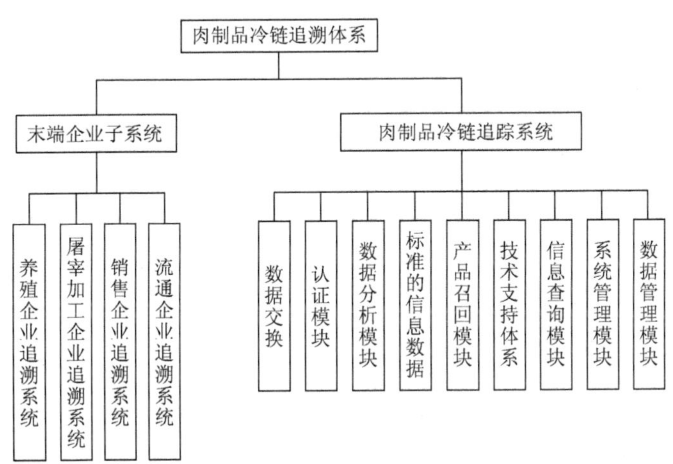

图 9-16　系统的功能结构图

第五节　肉制品质量追溯系统的关键技术研究

一、追溯系统所需要的技术

目前，国际上通用的实施产品质量控制的方法是 HACCP、GMP 及 ISO 9000，但是这些技术都主要是对加工环节进行控制，不能与整个供应链进行连接。在肉制品冷链上实施可追溯的技术可分为追溯技术和追踪技术[125]。

（一）追溯技术

追溯技术可以用在检测食品特性（或组成元素）上，这些技术有的可以用来对食品的来源或历史进行明确的推断，有的只能用来证实某一元素的存在。对于肉类产品在整个供应链上的追溯问题，有以下重要的技术与方法，通过对它们的应用，可以得到有关牲畜的物种、来源、纯正性、年龄、组成和生产系统（包括饲养）的信息。

1. 物种鉴别——基于蛋白质、脂类化合物和DNA的方法

（1）基于蛋白质的鉴别方法。蛋白质（酶类、肌红蛋白等）可以用来标志物种。主要技术有通过淀粉的水溶性蛋白质析出、聚丙烯酰胺凝胶电泳、琼脂凝胶电泳。

（2）基于脂类化合物的方法。脂类化合物和脂肪酸可以作为牲畜物种鉴定的关键物质。饱和的、单饱和的和多不饱和脂肪酸物中元素的比例是牲畜物种的标志，它们可以通过气相色谱法或气相色谱-质谱法组合而成的方法来鉴定。

（3）基于DNA的方法开始应用于食品研究和控制。DNA顺序可以被用来进行物种鉴定。现代分子生物技术的发展包括各种序列技术导致了大量基础序列的产生。DNA排序理论上是最有效和最精确的技术，但是它要求样品只包含单纯的物种。如果产生的序列在数据库中是可行的话，那么物种的鉴定还可以不需要相关的样品。

2. 纯正性、地区起源和物品真伪的鉴定

为了保障各地区肉类及肉制品的纯正性、地区起源及鉴定真伪，以上提到的电泳技术、色谱分析法和与其他化学和物理程序结合的分子生物技术可用来进行有效的追溯。

（1）基于核磁共振（nuclear magnetic resonance，NMR）和质谱分析（mass spectrometry，MS）的方法。NMR法比MS更有优势。无论溶解率高低，NMR法都可以用来探测作物种类和食品中的转基因作物或动物材料。

（2）红外线光谱法。近红外和红外线光谱都可以用来分析食物或动物饲料中的矿物质和维生素的主要组成。已有学者成功运用近红外分析研究了猪肉中铁、钠和钾的含量。还有学者阐述了运用近红外与红外线光谱来进行生肉类样品的鉴定。

3. 生产加工和储存的追溯系统

有很多技术(如基于 DNA 的方法、免疫学方法、高效液相色谱法(high performance liquid chromatography，HPLC)、基于肢类蛋白质的方法、红外光谱和 NMR 光谱分析法、电子显微镜技术）可以用来检测肉类及肉制品的历史及其在生产加工过程和储存过程中发生的变化。

4. 生物传感器的应用

传感器可以用来测量产品中细菌、毒素、农药的含量。生物传感器由两部分组成，即生物分子和一个信号传感器。生物成分由抗原或抗体组成，传感器探测生物分子的物理和化学特性。最常用的生物传感器是压电晶体。

（二）追踪技术

1. 条形码技术

条形码可包含产地、起运地、目的地、产物清单、运输记录等，这种信息块随物品流动使识读不需要网络及数据库支持，方便、快捷、准确、高效、低成本。

2. 射频识别技术

射频识别技术近来成为国际上的一个热点。它是指利用无线射频传输技术来储存数据和检索数据，是非接触式自动识别技术的一种。在 RFID 系统中，可以将一个带有独特电子商品代码的数码记忆芯片植入单个牲畜上，接收设备能激活 RFID 标签读取和更改数据，并将信息传输到主机上进行进一步的处理。RFID 一般包括三个部分：发射装置（RFID 标签）、读取传输设备和信息处理设备。

3. GS1 系统

电子数据管理可自动识别及数据捕捉，在“从农田到餐桌”这一供应链中起着非常重要的作用，它可以提高加工效率、提高信息处理的准确性。由于电子数据的处理在整个食品供应链中没有统一的行业标准，国际上采用 GS1 系统来进行数据的追踪。在电子追溯和追踪系统中，GS1 系统使全球化商业更为方便的进行，提高了供应链伙伴之间信息记录与交换的效率，因此得到了广泛的应用。

GS1 系统是由国际物品编码协会开发、管理和维护的全球统一标识系统，它为贸易、物流单元、资产、位置及服务等提供标识。其主要包括以下三部分：标识码——用来标识产品、位置、服务和资产等信息；数据载体——包括条码和 RFID;

电子信息——包括电子数据交换（electronic data interchange，EDI）和 XML。

EAN •UCC 系统通过具有一定编码结构的代码实现对相关项目及其数据的标识，该结构保证了代码在相关应用领域中的唯一性。同时，EAN • UCC 系统还提供符合信息的标识，如有效期、系列号和批号等都可以用条码来表示。在食品供应链中，EAN • UCC 系统可以对食品进行有效的标识，保存相关信息，从而可以对食品供应链的全过程进行有效的跟踪。

但是值得指出的是，为了保障食品安全记录数据，所收集的数据应该与追溯系统连接，并应高度精确，因为即使是一个数据的错误也可能导致整个货物或产品不必要的召回，甚至可能导致工厂倒闭。此外，数据必须快速收集并储存。然而，数据的收集不能影响到食品加工者的生产技术，所完成的数据收集成本必须尽可能低。

二、关键技术

（一）牲畜个体标识的改进

牲畜个体标识，需具备成本低、易使用、融入当前的管理程序、较高的保留率、易在市场与屠宰场识别、易在屠宰场收集、不得有碎片进入肉品或血液中，以及易将标识信息录入数据库中等特性。当然，使用个体电子标识虽然好处多，但由于成本昂贵，难以在我国推广应用。因此根据 2002 年农业部《动物免疫标识管理办法》和我国的国情，我们对现有个体标识做了改进，保留了原塑料耳标中的数字编码，同时增加了与数字编码一致的二维条形码（data matrix），从而提高了耳标的自动识别水平，且成本增加不多。而在养殖场实际应用时，改进的个体标识打耳标的方法与原塑料耳标完全相同，不增加人力与时间。

（二）数据集成技术

系统的集成，为动物个体标识、条形码、RFID 电子标识、数据库和网络应用等技术提供了一个支撑环境。系统分布于肉类生产的全过程，承担信息的收集、显示、存储、转换和传递等功能。通过在数据级别上综合和集成，将各子系统紧密连接，统一在应用框架上按生产需要连接、配置和整合。由于信息传递系统复杂，屠宰车间湿度大、血污较多，条件恶劣，对设备有一定的要求。肉制品的跟踪不像人的身份跟踪那么简单，以牲畜的屠宰加工为例，就要经过放血、去头、剥皮、劈半、冷库预冷，直至超市销售等一系列的生产加工流通环节。原先一头完整的牲畜早已大卸八块，如何跟踪标识信息，并与胴体形成一个信息链路是技术关键。

三、技术支持体系

食品可追溯系统的实施涉及多种技术，统一的标准是可追溯系统的基础。统一的编码和食品信息标准能够实现信息的准确传递和不同数据库之间的无缝连接，从而达到快速追溯的目的。基于信息的标准化，下列技术为信息共享提供了支持。

（一）数据共享技术

构建可追溯系统的一个基本要素是中央数据库和信息传递系统。基于纸张的记录很难满足快速追溯的需求，家畜个体或者单位群体的迁移必须记录到中央数据库或者无缝与数据库框架相连接，从而实现数据共享。

（二）编码技术

技术应用的基础是产品标识和编码，因为只有对实体进行准确标识才能实现有效的跟踪和追溯。条码技术是最早使用的一种自动识别技术，因其识别的可靠性高、成本低廉、技术成熟，是编码系统主要应用的一项自动识别技术。

国际物品编码协会开发出用于食品跟踪与追溯的GS1系统。GS1系统在全球贸易项目代码（global trade item number，GTIN）、全球位置码（global location number，GLN）、系列货运包装箱代码（serial shipping container code，SSCC）和应用标示符（application identifier，AI）等一系列编码方案的支持下，通过扫描等方式实现自动数据获取，通过电子数据交换或者互联网实现数据通信，成功地应用于对饮料、肉制品、鱼制品、水果和蔬菜的可追溯系统中。GS1系统具有一系列标准化的条码符号，将其作为载体，表示产品或服务的标识代码及附加信息编码，是GS1系统最基本的支撑技术。GS1系统是比较成熟的技术体系，该体系在欧洲已经成功应用于食品可追溯系统的建立实施中。

（三）RFID技术

RFID系统利用射频标签承载信息，射频标签和识读器之间通过感应、无线电波或微波能量进行非接触双向通信，从而达到识别目的。RFID技术的特点包括可以非接触识读（识读距离可以从十厘米至几十米）、可识别高速运动物体、抗恶劣环境、保密性强及可同时识别多个识别对象等，是实现物流过程实施货品跟踪非常有效的一种技术。

（四）网络技术

网络是将所有分散的个体、胴体、饲养场、屠宰厂和销售点信息连在一起的桥梁，局域网、广域网等有线网络技术和通用分组无线服务技术（general packet radio service，GPRS）、蓝牙等无线通信技术及 Internet 技术为可追溯系统提供了支撑。通过 Internet 及 XML 技术的应用，实现数据集中存储、管理，数据输入后可立即查询，突破企业防火墙的限制，拥有低维护成本和客户端零安装优势。

（五）GPS 和地理信息系统技术

随着 GPS 技术的民用化及服务和设备成本的降低，许多可追溯系统已经加入了家畜个体和饲养场地理位置引用信息和相关分析功能，在动物疾病暴发时能够提供更多辅助决策信息。

（六）生物信息学技术

生物信息学技术的发展和应用使基于 DNA 的可追溯成为可能，DNA 标识需要建立庞大的基因数据库，需要研制专用的基因匹配搜索引擎，没有现代信息技术的支撑就无法实现基于 DNA 的可追溯系统。

第十章　结论与展望

食品安全是公共安全的重要组成部分，也是人类生存和发展的最基本需求。食品安全监管是政府公共安全管理的一个极为重要的内容，是食品生产和流通企业发展的立身之本，是关乎消费者身体健康和安全的重要保障。进入21世纪以来，随着各种食品安全问题的出现，保障食品安全已经成为全世界共同面对的重要课题。我国目前已经要求将食品安全监管纳入地方政府绩效考核，指标体系是政府绩效评估的核心，指标体系的合理化、科学化程度在很大程度上影响着政府绩效评估的水平和质量。本书以经济学、公共管理学理论为指导，认真借鉴国内外已有的研究成果，在对我国食品安全监管体系进行分析的基础上，用理论和实证相结合的方法，对我国食品安全监管绩效影响因子、指标体系构建进行了研究。

第一节　本书主要内容

（1）食品安全监管的目的是保障居民生活（食品）的安全；食品安全监管的主体为政府行政机关，在我国为农业、卫生、工商、质监、食品药品监督管理等部门；食品安全监管的客体为在食品（食物）种植（养殖）、加工、包装、储藏、运输、销售、消费等各环节涉及的各种微观经济主体，即个人和企业，消费者和生产者；食品安全监管的手段有监管法律、监管制度和监管技术。食品安全监管是与食品安全控制、食品安全管理、食品安全规制、食品安全治理等相近但又不同的概念，食品安全控制概念涉及的主体最多，内涵最丰富。食品安全管理涉及的主体主要是政府及企业，其内涵包括了食品安全监管和食品安全规制活动。食品安全治理的过程侧重于食品供给者、社会中间组织和政府之间的良性互动，其目标的实现是三者之间互动、协调的结果，而不是政府单方面贯彻指令的结果。这些概念的界定为食品安全监管研究提供了理论起点。

（2）食品安全信息不对称的存在，会导致食品市场的逆向选择和道德风险问题；食品安全监管负外部性是非排他的，不能通过市场机制自动设置价格来管制，从而导致市场失灵；食品安全及政府食品安全监管行为，具有公共产品属性，其保障职责只能由政府来承担。因此，食品安全监管要克服食品生产、销售过程中的外部性，解决市场的失灵，就必须依靠政府监管，必须求助于政府这只“看得见”的手。而食品安全监管作为政府工作的一个重要组成部分，其绩效评价的理论方法应采用相对成熟的政府绩效评估理论。

（3）政府食品安全监管的影响因子主要包括监管体制的完善性、监管制度的完善性、监管技术支撑的完善性、监管环境的完善性、监管资源投入的完善性、监管法律法规的完善性等方面。其中，监管体制的完善性、监管制度的完善性、监管技术支撑的完善性、监管环境的完善性、监管法律法规的完善性影响因子的变化方向与监管绩效的变化方向一致，监管资源投入的完善性影响因子的变化方向与监管绩效的变化方向相反。

（4）食品安全监管绩效评价指标体系的构建应遵循的流程为：食品安全监管绩效评价特征分析、食品安全监管绩效评价目标的分解、食品安全监管绩效评价维度的确立、指标体系构建及权重的确定。食品安全监管部门的监管绩效具有产出内容的非物质性、受益对象的非特定性、实现过程的非市场性、获益效果的滞后性、利益相关者的多维性、评价客体的层次性、评价指标的复杂性、绩效评价的外部性等特点，决定了食品安全监管绩效评估不同于其他组织绩效评估；食品安全监管绩效评价目标可以从纵向和横向两个角度进行分解，形成了一个纵横交错的目标任务和管理的网络体系；结合食品安全监管绩效评价的特点，比较各种绩效评价逻辑框架的优劣势，采用一种基于平衡计分卡、关键绩效指标、绩效棱柱模型的综合逻辑框架是一个较优的选择。

（5）本书所构建的国内食品安全监管绩效评价指标体系，经过简化处理后共有 4 个一级指标，分别是学习与成长、监管内部管理、产业发展与市场和利益相关主体；有 9 个二级指标，分别是人力资源、学习与创新能力、监管行政能力、监管服务水平、监管廉洁程度、产业发展、市场环境、公众和食品企业；有 32 个三级指标，从其综合权重系数来看，排序前 15 的指标有食品抽检合格率（全指标）、食品安全事故发病人数、监管机构办事效率、监管政策的连续性和稳定性、食品安全事故死亡人数、监管政策制定的科学性和民主性、标准制定的完善性、食品企业获得 HACCP 认证率、食品违法违规案件查处率、食品安全检测能力、食品安全事故中毒人数、食品安全监管人员专业素质、社会监管渠道完善程度、食品企业 QS 许可证获证率、监管腐败涉案人员占监管人员比重。

（6）本书从食品安全监管体制、法律法规、监管制度、监管社会参与、监管技术支撑五个方面提出了改进我国食品安全监管绩效的对策。食品安全监管体制应以建立渐进式的统一监管体制为目标来进行改革，加强监管部门在国家层面和地方政府层面的协调能力，重视部门间信息沟通机制建设；进一步完善食品召回制度、统一信息公布制度和行政问责制度，严格市场准入制度，落实 HACCP 认证制度，加快食品安全信用体系建设；促进食品安全监管的社会参与，发挥公众、行业协会在食品安全监管中的作用，重视食品安全宣传教育，规范食品安全社会监管渠道；建立成熟的食品安全检测体系，规范食品安全标准体系，完善食品安全风险评估体系，构建食品安全监管信息网络平台。

（7）基于物联网的冷链食品安全集成解决方案，要系统考虑冷链食品安全的影响因素，综合运用全球统一标识系统、RFID 技术、各种传感器技术来解决冷链食品的安全追溯，食品位置跟踪，温度、湿度监控，检测检验，监测预警等各方面问题，有效保障冷链食品安全。本书研究了基于物联网的冷链食品安全监控系统应用平台，探讨了其系统结构及功能模块。

（8）本书在介绍可追溯体系内涵和在肉制品冷链中应用现状的基础上，探讨了在我国肉制品行业实施质量追溯系统的问题，初步设计了符合中国国情的基于冷链的肉类生产可追溯系统，以提高肉制品安全监控水平。

第二节 本书存在问题和进一步努力的方向

学术界对我国食品安全监管体系的研究成果较多，但主要是定性研究，以现状描述和政策建议类为主，对食品安全监管绩效的定量评价还没有系统的研究。本书首次尝试使用多种定量研究方法对地方政府食品安全监管绩效进行了评价，并得出了一系列经过充分论证的研究成果。本书的关键是确定食品安全监管绩效的影响因子、建立系统的评价指标体系、选择合适的评价方法，由于笔者所掌握资料的局限性、数据获取的难度和笔者知识水平的有限性，本书还存在一些不足的地方，有待今后进一步开展深入研究。

（1）政府食品安全监管绩效评价的一般规律和特殊规律。地方政府食品安全监管绩效评价作为地方政府绩效评价的一个重要组成部分，既有地方政府绩效评价的一般规律，又有自身的特殊规律。系统、深入研究这些一般规律和特殊规律，既是深化地方政府食品安全监管绩效评价的必然，也是提高地方政府食品安全监管绩效评价质量的内在要求。由于地方政府食品安全监管绩效评价研究还处于起步阶段，本书对于这些规律的研究还有待进一步深化。

（2）政府食品安全监管绩效评价的差异性、动态性。不同层级地方政府的食品安全监管绩效都有一定的差异，绩效评价的指标和方法也应有相应的区别。即使是同一层级的地方政府，在不同的历史时期，其食品安全监管也有很大的差别。监管绩效指标体系及其权重不可能是一成不变的，用静止的评价指标体系去考核、评价发展变化中的政府监管具有一定的局限性和模糊性。科学的地方政府食品安全监管绩效评价应该充分考虑地方政府食品安全监管的这种差异性和动态性，使绩效评价结论具有更强的针对性、客观性和有效性。本书在研究构建指标体系时设置了一些通用指标，也考虑了一些特殊指标，并运用数量分析技术尽量缩小地区情况差异给绩效评价指标体系构建与绩效评价带来的负面影响和误差。但为了研究的方便和受一些客观条件的制约，对这种差异我们没有予以足够的重视，动态的评价指标体系和权重向量有待今后进一步研究。

（3）对食品安全监管绩效的评价方法进行不断的改进。尽管 DEA 模型是绩效评价常用且有效的方法，但 DEA 有几十种具体的评价模型，可能有更适合食品安全监管绩效的评价模型，而人工神经网络和结构方程模型等评价方法也值得尝试。

（4）地方政府食品安全监管绩效优化路径的深入研究。地方政府食品安全监管绩效评价的最终目的在于诊断地方政府食品安全监管中存在的问题，为地方政府食品安全监管提供分析工具。在本书研究的过程中，由于地方政府食品安全监管的社会类指标数据不如经济类指标数据那样精确和统一，有不少数据不规范，还有不少数据难以采集，难以用数据和模型来深刻揭示地方政府食品安全监管绩效评价与地方政府食品安全监管模式之间的相关性，难以明晰透视不同绩效水平与管理模式属性之间的相互关系，往往局限于从局部和微观的层面来分析地方政府食品安全监管的具体方式和措施对绩效水平的制约作用。因此，基于绩效评价与监管模式间的相关性对地方政府食品安全监管绩效进行优化的路径有待深入探讨。

参 考 文 献

[1] 佘廉，雷丽萍. 我国巨灾事件应急管理的若干理论问题思考[J]. 武汉理工大学学报（社会科学版），2008，21（4）：470-475.

[2] FAO，WHO. Second FAO/WHO global forum of food safety regulators[R]. Bangkok，2004：12-14.

[3] 张文学，杨立刚. 食品安全的环境责任界定[J]. 生态经济，2003，（6）：24-28.

[4] 吴泳. 从执政为民谈食品安全[J]. 南平师专学报，2003，（2）：77-79.

[5] 周应恒，霍丽玥. 食品质量安全问题的经济学思考[J]. 南京农业大学学报，2003，26（3）：91-95.

[6] 李哲敏. 食物安全的内涵分析[J]. 中国食物与营养，2003，（8）：10-13.

[7] 王凤平. 我国食品安全质量问题及对策[J]. 食品科技，2005，（9）：7-9.

[8] 陈功. 食品安全生产与安全食品识别[J]. 决策咨询通讯，2004，15（4）：20-23.

[9] 张森富，赵婷. 浅析现阶段我国食品安全问题[J]. 内蒙古煤炭经济，2009，（3）：101-103.

[10] 李磊. 新时期食品安全与卫生教育的社会性思考[J]. 南京医科大学学报（社会科学版），2005，5（4）：279-282.

[11] 锁放. 论中国食品安全监督制度的完善——以比较法为视角[D]. 合肥：安徽大学博士学位论文，2011.

[12] 白晨，王淑珍，黄玥. 食品安全内涵需要准确把握——“食品安全与卫生学”课程建设中的理解与认识[J]. 上海商学院学报，2009，10（6）：49-52.

[13] 战旗. 治理视角下我国食品安全监管主体研究[D]. 青岛：中国海洋大学硕士学位论文，2011.

[14] 李佳芮. 我国政府食品安全监管职能研究[D]. 长春：东北师范大学硕士学位论文，2007.

[15] 郑文杰. 我国政府食品安全监管现状分析及对策研究[D]. 成都：西南交通大学硕士学位论文，2010.

[16] 袁湘如. 我国食品安全政府监管问题与对策研究[D]. 北京：中央民族大学硕士学位论文，2010.

[17] 刘录民. 我国食品安全监管体系研究[D]. 杨凌：西北农林科技大学博士学位论文，2010.

[18] 姚喜琳. 长沙市食品安全监管体制研究[D]. 长沙：湖南大学硕士学位论文，2008.

[19] 刘为军. 中国食品安全控制研究[D]. 杨凌：西北农林科技大学博士学位论文，2006.

[20] Henson S，Caswell J. Food safety regulation：an overview of contemporary issues[J]. Food Policy，1999，24（6）：589-603.

[21] 韩塔娜. 我国食品安全治理研究[D]. 呼和浩特：内蒙古大学硕士学位论文，2010.

[22] 张天，张新平，韩淑杰，等. 我国食品安全监管体制改革实践及其发展方向[J]. 中国卫生经济，2008，27（10）：53-54.

[23] 王洛忠，郝君超，朱美静，等. 协同政府视域下我国奶业食品安全监管体制探析[J]. 中国行政管理，2009，（10）：21-24.
[24] 杨洵，师萍. 多主体预算配置低效与我国食品安全监管缺失[J]. 安徽大学学报，2006，30（3）：149-153.
[25] 肖艳辉，刘亮. 我国食品安全监管体制研究——兼评我国《食品安全法》[J]. 太平洋学报，2009，（11）：1-13.
[26] 郑风田，胡文静. 从多头监管到一个部门说话：我国食品安全监管体制急待重塑[J]. 中国行政管理，2005，（12）：51-54.
[27] 汪普庆，周德翼. 我国食品安全监管体制改革：一种产权经济学视角的分析[J]. 生态经济，2008，（4）：98-101.
[28] 李鹏，刘毅，西宝. 中国食品安全监管的政策网络研究[J]. 中南民族大学学报（人文社会科学版），2012，（3）：137-142.
[29] 颜海娜. 我国食品安全监管体制改革——基于整体政府理论的分析[J]. 学术研究，2010，（5）：43-52.
[30] 陈季修，刘智勇. 我国食品安全的监管体制研究[J]. 中国行政管理，2010，（8）：61-63.
[31] 陈刚，张浒. 食品安全中政府监管职能及其整体性治理——基于整体政府理论视角[J]. 云南财经大学学报，2012，（5）：152-160.
[32] 苗建萍，熊梓杰. 构建我国科学合理的食品安全大监管体制[J]. 山西财经大学学报，2010，32（2）：38-39.
[33] 宋强，耿弘. 关于构建中国大食品安全监管体制的探讨[J]. 求实，2012，（8）：44-47.
[34] 肖进中. 国外食品安全法律监管对中国的借鉴[J]. 世界农业，2012，398（6）：12-15.
[35] 潘星丞. 论食品安全监管的刑事责任——监督过失理论的借鉴及“本土化”运用[J]. 华南师范大学学报（社会科学版），2010，45（3）：23-27.
[36] 杨雪，周江涛. 食品安全监管的法社会学思考[J]. 山东社会科学，2012，（5）：190-192.
[37] 毛振宾. 国内外食品安全监管的法律制度及发展趋势[J]. 中国家禽，2009，362（23）：1-5.
[38] 刘厚金. 食品安全风险分析的法律机制：国外经验与本土借鉴[J]. 企业经济，2010，363（11）：188-192.
[39] 崔卓兰，赵静波. 我国食品安全监管法律制度之改革与完善[J]. 吉林大学社会科学学报，2012，232（4）：102-108.
[40] 解志勇，李培磊. 我国食品安全法律责任体系的重构——政治责任、道德责任的法治化[J]. 国家行政学院学报，2011，（4）：71-75.
[41] 周游，赵学刚. 论我国食品安全公众参与的法律制度构建[J]. 管理现代化，2011，176（4）：3-5.
[42] 朱珍华，刘道远. 食品安全监管视角下的民事责任制度研究[J]. 法学杂志，2012，33（11）：84-89.
[43] 丁冬. 从“法律中心”到“社会管理”——食品安全保障问题新论[J]. 理论导刊，2012，334（9）：100-102.
[44] 隋洪明. 食品安全非监管保障措施的引入与规制[J]. 法学论坛，2012，27（2）：96-101.
[45] 王伟，蒲丽娟. 食品安全治理中的法律与道德关系辩略[J]. 学术探索，2012，152（7）：5-7.

[46] 尹明珠. 食品药品监管系统绩效评估方法与应用研究[D]. 天津：天津大学硕士学位论文，2006.

[47] 刘录民，侯军歧，董银果. 食品安全监管绩效评估方法探索[J]. 广西大学学报（哲学社会科学版），2009，31（4）：5-9.

[48] 刘为军，魏益民，潘家荣，等. 现阶段中国食品安全控制绩效的关键影响因素分析——基于9省（市）食品安全示范区的实证研究[J]. 商业研究，2008，（7）：127-131.

[49] 刘鹏. 中国食品安全监管：基于体制变迁与绩效评估的实证研究[J]. 公共管理学报，2010，7（2）：63-78.

[50] 杨超峰，刘录民，董银果. 食品安全监管资源配置与绩效改进探讨[J]. 中国卫生监督杂志，2011，18（2）：128-132.

[51] 秦利. 基于制度安排的中国食品安全治理研究[D]. 哈尔滨：东北林业大学博士学位论文，2010.

[52] 赖涪林，康焱. 一个关于食品安全监管的实证分析框架[J]. 郑州航空工业管理学院学报，2006，24（5）：101-104.

[53] Mead P S，Slutsker L，Dietz V，et al. Food-related illness and death in the United States[J]. Emerging Infections Diseases，1999，5（5）：607-625.

[54] Marra F J. Crisi communication plan：poor predictors of excelence crisis public relations[J]. Public Relations Review，1998，24（4）：461-474.

[55] ICMSF（International Commission on the Microbiological Specifications for Foods）.The role of food safety objectives in the management of the microbiological safety of food according to Codex documents[R]. Document Prepared for the Codex Committee on Food Hygiene，2001.

[56] Polin M S，Raynaud E，Sauvéé L，et al. Quality signal sand governance structures within European a gro-food chains：a new institutional economies approach[R]. Copenhagen：The 78th EAAE Seminar and NJF Seminar 330，Economics of Contracts in Agriculture and the Food Supply Chain，2001：15-16.

[57] Nestle M. Food Politics：How the Food Industry Influences Nutrition and Health[M]. Berkeley，Los Angeles，London：University of Califonia Press，2002.

[58] Jin S，Huang J，Hu R，et al. The creation and spread of technology and total factor productivity in China's agriculture[J]. American Journal of Agricultural Economics，2002，84（4）：916-930.

[59] Organisation for Economic Co-operation and Development. The OECD Report on Regulatory Reform[M]. Paris：OECD，1997.

[60] Organisation for Economic Co-operation and Development. Regulatory Policies in OECD Countries：from Interventionism to Regulatory Governance[M]. Paris：OECD，2002.

[61] World Health Organization，Food and Agriculture Organization of the United Nations. Assuring food safety and quality：guidelines for strengthening national food control systems[D]. Food and Agriculture Organization of the United Nations；Rome：World Health Organization，2003.

[62] Antle J M. Benefits and costs of food safety regulation[J]. Food Policy，1999，24（6）：605-623.

[63] Caswell J A. Economics of Food Safety[M]. New York：Elsevier Science Publishing Company，Inc，1991.

[64] Caswell J A. Valuing Food Safety Nutrition[M]. Boulder：Westview Press，1995.

[65] Henson S，Caswell J. Food safety regulation：an overview of contemporary issues[J]. Food Policy，1999，24（6）：589-603.

[66] Henson S，Northen J. Consumer assessment of the safety of beef at the point of purchase：a Pan-European study[J]. Journal of Agricultural Economics，2000，51（1）：90-105.

[67] Henson S，Holt G，Morthen J. Costs and benefits of implementing HACCP in the UK dairy processing sector[J]. Food Controlk，1999，10（2）：99-106.

[68] 周洁红，钱峰燕，马成武. 食品安全管理问题研究与进展[J]. 农业经济问题，2004，(4)：26-29.

[69] 蒋建军. 论食品安全管制的理论分析[J]. 中国行政管理，2005，(4)：41-44.

[70] 吴海华，王志江. 食品安全问题的信息不对称分析[J]. 消费经济，2005，21（2）：69-71.

[71] 吴晗璐，曾宪瑛. 我国食品安全问题的管制经济学分析[J]. 企业经济，2012，(4)：167-170.

[72] 萨缪尔森 P A，诺德豪斯 W D. 经济学[M]. 萧琛主译. 北京：人民邮电出版社，2004.

[73] 叶文辉. 中国公共产品供给研究[D]. 成都：四川大学博士学位论文，2003.

[74] 布坎南 J M. 民主财政论[M]. 穆怀朋译. 北京：商务印书馆，2009.

[75] 陈志宇. S 市食品药品监管局绩效评估研究[D]. 长沙：中南大学硕士学位论文，2010.

[76] 王孝钢. 食品安全认证问题研究[J]. 现代农业科技，2010，(10)：354-355.

[77] 王磊，贺峰，徐小丹. 食品安全认证制度[J]. 科技风，2010，(5)：80-81.

[78] 陶丽琴，陈佳. 论《食品安全法》的法定召回义务及其民事责任[J]. 法学杂志，2009，30(11)：46-49.

[79] 张俊霞，李春娟. 《食品安全法》之食品召回制度适用研究[J]. 法学杂志，2010，(9)：94-97.

[80] 程言清. 美国的食品召回制度及其特点[J]. 江西食品工业，2003，(1)：49-50.

[81] 王建中. 我国全面实施食品标签制度的建议[J]. 中国质量，2007，(10)：27-28.

[82] 张炜达. 论我国食品安全信用体系的构建[J]. 中国产业，2011，(1)：31-32.

[83] 胡舒. 中国食品安全监管行政问责制存在的问题及对策[D]. 北京：中国政法大学硕士学位论文，2010.

[84] 国务院. 中华人民共和国食品安全法实施条例[Z]. 国务院令第 557 号，2009.

[85] 戴伟，吴勇卫，隋海霞. 论中国食品安全风险监测和评估工作的形势和任务[J]. 中国食品卫生杂志，2010，22（1）：46-49.

[86] 汤伯兴. 行业协会在食品安全工作中的作用不可替代[J]. 中国食品药品监管，2006，(6)：22-23.

[87] 鲁篱. 论行业协会自治与国家干预的互动[J]. 西南民族大学学报（人文社科版），2006，27（9）：75-79.

[88] 赖涪林，康焱. 一个关于食品安全监管的实证分析框架[J]. 郑州航空工业管理学院学报，2006，24（5）：101-104.

[89] 李丽，王传斌. 规制效果与我国食品安全规制制度创新[J]. 中国卫生事业管理，2009，26（5）：326-328.

[90] 李娜. 风险社会背景下我国食品安全监管体制问题与对策研究[D]. 石家庄：河北经贸大学硕士学位论文，2011.

[91] 胡耀臣. 基于静电场理论的食品供应链政府监管力度模型研究[D]. 长春：吉林大学硕士学

位论文，2010.
[92] 吴华. 我国食品安全监管模式研究[D]. 西安：西北大学硕士学位论文，2009.
[93] 陈岳飞. 地方政府食品安全监管存在的问题及对策研究[D]. 湘潭：湘潭大学硕士学位论文，2007.
[94] 张秀锦. 地方政府食品安全监管问题研究[D]. 郑州：郑州大学硕士学位论文，2008.
[95] 姚建明. 基于风险分析原则的食品安全监管体系研究[D]. 广州：华南理工大学硕士学位论文，2010.
[96] 喻晓芬. 食品安全监管法律执行效能研究——以“三鹿奶粉事件”为个案的讨论[D]. 南昌：南昌大学硕士学位论文，2010.
[97] 李南南. 我国食品安全监管模式研究[D]. 无锡：江南大学硕士学位论文，2010.
[98] 余鸿达. 我国食品安全监管体制改革研究[D]. 长沙：湖南大学硕士学位论文，2010.
[99] 黄永飞. 我国食品安全监管问题研究[D]. 武汉：华中师范大学硕士学位论文，2012.
[100] 郭骁驹. 我国食品安全监管研究[D]. 上海：华东政法大学硕士学位论文，2011.
[101] 张红梅. 我国食品安全监管研究[D]. 郑州：郑州大学硕士学位论文，2012.
[102] 郑婷婷. 我国食品安全监管制度研究[D]. 长春：吉林大学硕士学位论文，2012.
[103] 王丹. 我国食品安全问题与政府监管现状及对策研究[D]. 北京：首都经济贸易大学硕士学位论文，2011.
[104] 袁湘如. 我国食品安全政府监管问题与对策研究——以“三鹿事件”为例[D]. 北京：中央民族大学硕士学位论文，2010.
[105] 周应恒，王二朋. 我国食品安全监管制度问题与创新思路[Z]. 南京：第二届农林高校哲学社会科学发展论坛，2011.
[106] 宋涛. 行政问责概念及内涵辨析[J]. 深圳大学学报（人文社会科学版），2005，22（2）：42-46.
[107] 吕振通，张凌云. SPSS 统计分析与应用[M]. 北京：机械工业出版社，2009.
[108] 刘笑霞. 政府绩效评价理论框架之构建——以一级政府为中心[D]. 厦门：厦门大学博士学位论文，2008.
[109] 倪星. 地方政府绩效评估指标的设计与筛选[J]. 行政事业资产与财务，2008，（2）：17-25.
[110] 王健. 重塑地方政府政绩指标——将 GDP 指标改为 GNP+SCC 指标[J]. 国家行政学院学报，2005，（1）：56-59.
[111] 佘廉，吴国斌. 交通企业战略实施评价与控制评析[J]. 交通企业管理，2006，（4）：6-7.
[112] 李金龙，虞莹. 论我国政府绩效评估指标体系的优化[J]. 行政与法，2007，（3）：22-24.
[113] 王谦. 政府部门绩效的一种战略综合评价方法研究——平衡计分卡与绩效棱柱结合[Z]. 成都：第三届中国公共服务评价国际研讨会，2008.
[114] 倪星，余琴. 地方政府绩效指标体系构建研究——基于 BSC、KPI 与绩效棱柱模型的综合运用[J]. 武汉大学学报（哲学社会科学版），2009，62（5）：702-710.
[115] 佘廉，张伟. 腐败成因综合分析模式[J]. 交通企业管理，2006，（3）：4-5.
[116] 施蕾. 食品安全监管行政执法体制研究[D]. 上海：华东政法大学硕士学位论文，2010.
[117] 张云华. 食品安全保障机制研究[M]. 北京：中国水利水电出版社，2007.
[118] 张博源，刘亮. 我国食品安全监管协调机制的评价性解读[J]. 求实，2011，（1）：77-78.
[119] 林晶. 完善食品安全信息公开制度的建议[J]. 中国医药导报，2010，7（12）：193-194.

[120] 于海丽，卫艳涛. 食品安全行政问责制研究[J]. 现代商贸工业，2009，21（12）：242-243.
[121] 赵盼盼. 食品安全监管中的行政问责制[J]. 知识经济，2012，（9）：60-61.
[122] 宋衍涛，卫旋. 在食品安全管理中加强我国行政问责制建设[J]. 中国行政管理，2012，（12）：56-58.
[123] 马巍文. 我国食品安全规制研究[D]. 郑州：郑州大学硕士学位论文，2012.
[124] 袁涛. 农产品追溯体系构建研究[D]. 成都：西南交通大学硕士学位论文，2007.
[125] 马汉武，王善霞. 实施可追溯系统所需的技术[J]. 中国禽业导刊，2006，（14）：32.

附　录

附录一　食品安全监管绩效影响因子调查问卷

尊敬的女士/先生：

您好!

感谢您拨冗参与有关食品安全监管的一项课题研究。本问卷为研究食品安全监管绩效影响因子与食品安全监管绩效的关系而设计，旨在了解各影响因子对食品安全监管绩效的影响程度。您的意见对我们非常重要，恳请您花几分钟时间填写，甚为感谢!

本问卷调查所得数据纯属学术研究之用，您无需有任何顾虑并请尽量客观作答。未经您的允许，这些信息不会用于任何商业用途或透露给第三方。

如贵单位恰巧需要这方面的研究参考，我们很愿意分享调查结果（通过 Email 发送至贵单位）。再次感谢您的合作与支持!

一、您与贵单位的基本信息

1. 单位名称：______________________________（选填）

2. 单位性质：

A. 高等院校　B. 科研院所　C. 食品安全监管行政机关

D. 企业　E. 其他

3. 您的性别：

A. 男　B. 女

4. 您的年龄：

A. 35 岁及以下　B. 36～45 岁　C. 46～55 岁

D. 56～65 岁　E. 66 岁及以上

5. 您的职称：

A. 初级职称　B. 中级职称　C. 副高级

D. 正高级　E. 其他

6. 您的学历：

A. 大专及以下　B. 本科　C. 硕士　D. 博士

7. 你对政府食品安全监管的了解程度：

A. 根本不了解　B. 一般了解　C. 比较了解　D. 非常了解

是否需要共享成果：__________　　Email：______________________

填写说明：

（1）请圈选您选择的数字。

（2）本问卷并非测验，所有选项均无“好、坏、对、错”之分，请尽量客观地选择最符合贵公司的数字，如果遇到难以回答的问题，凭直觉选择即可。

二、请根据您对国内食品安全监管的认知，对食品安全监管绩效进行判断，圈选一个最适当的数字，其中 1 代表绩效低，2 代表绩效中，3 代表绩效高。

	低	中	高
政府食品安全监管总体绩效	1	2	3

三、以下是有关政府食品安全监管绩效影响因素的叙述，请您根据您的了解和认知来评估下列因素对政府监管绩效的影响程度，圈选一个最适当的数字，其中 1 代表很小，2 代表比较小，3 代表一般，4 代表比较大，5 代表很大。

	很小	比较小	一般	比较大	很大
监管机构设置的合理性	1	2	3	4	5
监管机构职能分配的科学性	1	2	3	4	5
监管机构间的协调性	1	2	3	4	5
监管机构的独立性	1	2	3	4	5
政府监管理念的科学性	1	2	3	4	5
监管资源（人和资金）投入量	1	2	3	4	5
监管资源配置的合理性	1	2	3	4	5
监管人员综合素质	1	2	3	4	5
检测体系完善程度	1	2	3	4	5
法律法规体系完善性	1	2	3	4	5
标准认证体系完善程度	1	2	3	4	5
信用体系完善性	1	2	3	4	5
食品信息管理体系完善性	1	2	3	4	5
宣传教育普及程度	1	2	3	4	5
消费者监督参与程度	1	2	3	4	5
行业协会监督参与程度	1	2	3	4	5
食品召回制度完善程度	1	2	3	4	5
行政问责制度完善程度	1	2	3	4	5
市场准入制度完善程度	1	2	3	4	5
监测和预警体系完善程度	1	2	3	4	5

四、您对提高政府食品安全监管绩效的建议：

____

____

再次感谢您填写这份问卷!

附录二　专家判断矩阵

附表 1　监管绩效指标下一级判断矩阵

监管绩效	*A*	*B*	*C*	*D*
A	1	1/3	2	1/3
B	3	1	3	1
C	1/2	1/3	1	1/3
D	3	1	3	1

注：一致性比例 CR = 0.0000＜0.10

附表 2　学习与成长（*A*）指标下二级判断矩阵

学习与成长（*A*）	A_1	A_2
A_1	1	2
A_2	1/2	1

注：一致性比例 CR = 0.0000＜0.10

附表 3　A_1 人力资源指标下三级判断矩阵

A_1 人力资源	A_{11}	A_{12}	A_{13}	A_{14}	A_{15}	A_{16}
A_{11}	1	5	2	3	5	1
A_{12}	1/5	1	1/3	1/4	1	1/5
A_{13}	1/2	3	1	1/2	3	1/2
A_{14}	1/3	4	2	1	4	1
A_{15}	1/5	1	1/3	1/4	1	1/5
A_{16}	1	5	2	1	4	1

注：一致性比例 CR = 0.0000＜0.10

附表 4　A_2 学习与创新能力指标下三级判断矩阵

A_2 学习与创新能力	A_{21}	A_{22}	A_{23}
A_{21}	1	1/2	1/7
A_{22}	2	1	1/6
A_{23}	7	6	1

注：一致性比例 CR = 0.0000＜0.10

附表 5　监管内部管理（*B*）指标下二级判断矩阵

监管内部管理（B）	B_1	B_2	B_3
B_1	1	1	3
B_2	1	1	3
B_3	1/3	1/3	1

注：一致性比例 CR＝0.0000＜0.10

附表 6　B_1 监管行政能力指标下三级判断矩阵

B_1 监管行政能力	B_{11}	B_{12}	B_{13}	B_{14}	B_{15}	B_{16}	B_{17}	B_{18}	B_{19}	B_{110}	B_{111}	B_{112}	B_{113}
B_{11}	1	1/2	4	1	1/3	1	7	1/3	1/4	8	7	1	2
B_{12}	2	1	4	2	1/2	2	7	1/2	1/4	8	7	2	3
B_{13}	1/4	1/4	1	1/4	1/6	1/3	4	1/5	1/7	5	3	1/4	1
B_{14}	1	1/2	4	1	1/3	1	7	1/3	1/4	8	7	1	2
B_{15}	3	2	6	3	1	5	8	2	1/3	9	7	4	6
B_{16}	1	1/2	3	1	1/5	1	6	1/5	1/6	6	4	1/2	2
B_{17}	1/7	1/7	1/4	1/7	1/8	1/6	1	1/7	1/8	2	1/2	1/5	1/3
B_{18}	3	2	5	3	1/2	5	7	1	1/3	8	7	3	5
B_{19}	4	4	7	4	3	6	8	3	1	9	8	4	6
B_{110}	1/8	1/8	1/5	1/8	1/9	1/6	1/2	1/8	1/9	1	1/3	1/6	1/4
B_{111}	1/7	1/7	1/3	1/7	1/7	1/4	2	1/7	1/8	3	1	1/5	1/3
B_{112}	1	1/2	4	1	1/4	2	5	1/3	1/4	6	5	1	3
B_{113}	1/2	1/3	1	1/2	1/6	1/2	3	1/5	1/6	4	3	1/3	1

注：一致性比例 CR＝0.0000＜0.10

附表 7　B_2 监管服务水平指标下三级判断矩阵

B_2 监管服务水平	B_{21}	B_{22}	B_{23}	B_{24}	B_{25}	B_{26}	B_{27}	B_{28}	B_{29}
B_{21}	1	2	1/2	4	3	4	5	2	6
B_{22}	1/2	1	2	3	4	4	5	2	5
B_{23}	2	1/2	1	5	4	5	6	3	6
B_{24}	1/4	1/3	1/5	1	1/2	3	2	1/4	4
B_{25}	1/3	1/4	1/4	2	1	3	4	1/3	3
B_{26}	1/4	1/4	1/5	1/3	1/3	1	2	1/4	3
B_{27}	1/5	1/5	1/6	1/2	1/4	1/2	1	1/5	2
B_{28}	1/2	1/2	1/3	4	3	4	5	1	5
B_{29}	1/6	1/5	1/6	1/4	1/3	1/3	1/2	1/5	1

注：一致性比例 CR＝0.0000＜0.10

附表 8　B_3 监管廉洁程度指标下三级判断矩阵

B_3 监管廉洁程度	B_{31}	B_{32}
B_{31}	1	5
B_{32}	1/5	1

注：一致性比例 CR = 0.0000＜0.10

附表 9　产业发展与市场（C）指标下二级判断矩阵

产业发展与市场（C）	C_1	C_2
C_1	1	1
C_2	1	1

注：一致性比例 CR = 0.0000＜0.10

附表 10　C_1 产业发展指标下三级判断矩阵

C_1 产业发展	C_{11}	C_{12}	C_{13}	C_{14}	C_{15}
C_{11}	1	1/2	3	5	4
C_{12}	2	1	4	6	5
C_{13}	1/3	1/4	1	2	1/2
C_{14}	1/5	1/6	1/2	1	1/3
C_{15}	1/4	1/5	2	3	1

注：一致性比例 CR = 0.0000＜0.10

附表 11　C_2 市场环境指标下三级判断矩阵

C_2 市场环境	C_{21}	C_{22}	C_{23}	C_{24}	C_{25}	C_{26}
C_{21}	1	1/2	1/5	1/2	3	1/4
C_{22}	2	1	1/6	1/3	2	1/5
C_{23}	5	6	1	4	7	2
C_{24}	2	3	1/4	1	4	1/4
C_{25}	1/3	1/2	1/7	1/4	1	1/6
C_{26}	4	5	1/2	4	6	1

注：一致性比例 CR = 0.0000＜0.10

附表 12　利益相关主体（D）指标下二级判断矩阵

利益相关主体（D）	D_1	D_2
D_1	1	1
D_2	1	1

注：一致性比例 CR = 0.0000＜0.10

附表 13　D_1 公众指标下三级判断矩阵

D_1 公众	D_{11}	D_{12}	D_{13}	D_{14}	D_{15}	D_{16}
D_{11}	1	1/2	1/2	6	5	3
D_{12}	2	1	1	6	7	3
D_{13}	2	2	1	8	7	5
D_{14}	1/6	1/6	1/8	1	1/2	1/4
D_{15}	1/5	1/5	1/7	2	1	1/3
D_{16}	1/3	1/3	1/5	4	3	1

注：一致性比例 CR = 0.0000＜0.10

附表 14　D_2 食品企业指标下三级判断矩阵

D_2 食品企业	D_{21}	D_{22}	D_{23}	D_{24}	D_{25}	D_{26}
D_{21}	1	1	1/3	5	4	1/2
D_{22}	1	1	1/3	6	5	1/2
D_{23}	3	3	1	8	7	2
D_{24}	1/5	1/6	1/8	1	1/2	1/7
D_{25}	1/3	1/5	1/7	2	1	1/3
D_{26}	2	2	1/2	7	3	1

注：一致性比例 CR = 0.0000＜0.10

附录三　层次分析法中指标权重计算的 Matlab 程序

```
O=[1，1/3，2，1/3
3，1，3，1
1/2，1/3，1，1/3
3，1，3，1]；%监管绩效指标下一级判断矩阵
A=[1，2
1/2，1]；%学习与成长（A）指标下二级判断矩阵
A1=[1，5，2，3，5，1
1/5，1，1/3，1/4，1，1/5
1/2，3，1，1/2，3，1/2
1/3，4，2，1，4，1
1/5，1，1/3，1/4，1，1/5
1，5，2，1，4，1]；%A1 人力资源指标下三级判断矩阵
A2=[1，1/2，1/7
2，1，1/6
```

7，6，1]；%A_2学习与创新能力指标下三级判断矩阵

B=[1，1，3

1，1，3

1/3，1/3，1]；%监管内部管理（B）指标下二级判断矩阵

B_1=[1，1/2，4，1，1/3，1，7，1/3，1/4，8，7，1，2

2，1，4，2，1/2，2，7，1/2，1/4，8，7，2，3

1/4，1/4，1，1/4，1/6，1/3，4，1/5，1/7，5，3，1/4，1

1，1/2，4，1，1/3，1，7，1/3，1/4，8，7，1，2

3，2，6，3，1，5，8，2，1/3，9，7，4，6

1，1/2，3，1，1/5，1，6，1/5，1/6，6，4，1/2，2

1/7，1/7，1/4，1/7，1/8，1/6，1，1/7，1/8，2，1/2，1/5，1/3

3，2，5，3，1/2，5，7，1，1/3，8，7，3，5

4，4，7，4，3，6，8，3，1，9，8，4，6

1/8，1/8，1/5，1/8，1/9，1/6，1/2，1/8，1/9，1，1/3，1/6，1/4

1/7，1/7，1/3，1/7，1/7，1/4，2，1/7，1/8，3，1，1/5，1/3

1，1/2，4，1，1/4，2，5，1/3，1/4，6，5，1，3

1/2，1/3，1，1/2，1/6，1/2，3，1/5，1/6，4，3，1/3，1]；%B_1监管行政能力指标下三级判断矩阵

B_2=[1，2，1/2，4，3，4，5，2，6

1/2，1，2，3，4，4，5，2，5

2，1/2，1，5，4，5，6，3，6

1/4，1/3，1/5，1，1/2，3，2，1/4，4

1/3，1/4，1/4，2，1，3，4，1/3，3

1/4，1/4，1/5，1/3，1/3，1，2，1/4，3

1/5，1/5，1/6，1/2，1/4，1/2，1，1/5，2

1/2，1/2，1/3，4，3，4，5，1，5

1/6，1/5，1/6，1/4，1/3，1/3，1/2，1/5，1]；%B_2监管服务水平指标下三级判断矩阵

B_3=[1，5

1/5，1]；%B_3监管廉洁程度指标下三级判断矩阵

C=[1，1

1，1]；%产业发展与市场（C）指标下二级判断矩阵

C_1=[1，1/2，3，5，4

2，1，4，6，5

1/3，1/4，1，2，1/2

```
1/5，1/6，1/2，1，1/3
1/4，1/5，2，3，1]；%C1产业发展指标下三级判断矩阵
C2=[1，1/2，1/5，1/2，3，1/4
2，1，1/6，1/3，2，1/5
5，6，1，4，7，2
2，3，1/4，1，4，1/4
1/3，1/2，1/7，1/4，1，1/6
4，5，1/2，4，6，1]；%C2市场环境指标下三级判断矩阵
D=[1，1
1，1]；%利益相关主体（D）指标下二级判断矩阵
D1=[1，1/2，1/2，6，5，3
2，1，1，6，7，3
2，2，1，8，7，5
1/6，1/6，1/8，1，1/2，1/4
1/5，1/5，1/7，2，1，1/3
1/3，1/3，1/5，4，3，1]；%D1公众指标下三级判断矩阵
D2=[1，1，1/3，5，4，1/2
    1，1，1/3，6，5，1/2
    3，3，1，8，7，2
    1/5，1/6，1/8，1，1/2，1/7
    1/3，1/5，1/7，2，1，1/3
    2，2，1/2，7，3，1]；%D2食品企业指标下三级判断矩阵
%求各矩阵的最大特征值和对应的特征向量
[VO，DO]=eig（O）；%结果为最大特征值 lamdO=4.0606，对应向量O=[0.2692，0.6677，0.1894，0.6677]
[VA，DA]=eig(A)；%结果为最大特征值 lamdA=2，对应向量 A=[0.8944，0.4472]
[VA1，DA1]=eig（A1）；%结果为最大特征值 lamdA1=6.0974，对应向量A1=[0.6718，0.1069，0.2839，0.4241，0.1069，0.5151]
[VA2，DA2]=eig（A2）；%结果为最大特征值 lamdA2=3.0324，对应向量A2=[0.1163，0.1943，0.9740]
[VB，DB]=eig(B)；%结果为最大特征值 lamdB=3，对应向量 B=[0.6882，0.6882，0.2294]
[VB1，DB1]=eig（B1）；%结果为最大特征值 lamdB1=13.9114，对应向量B1=[0.1883,0.2585,0.0781,0.1833,0.4562,0.1427,0.0366,0.3828,
```

0.6637，0.0290，0.0448，0.1811，0.0854]

[VB_2，DB_2]=eig（B_2）；%结果为最大特征值 lamdB_2=9.6862，对应向量 B_2=[0.4858,0.4696,0.5755,0.1459,0.1856,0.1014,0.0745,0.3334,0.0590]

[VB_3，DB_3]=eig（B_3）；%结果为最大特征值 lamdB_3=2，对应向量 B_3=[0.9806，0.1961]

[VC，DC]=eig（C）；%结果为最大特征值 lamdC=2，对应向量 C=[0.7071，0.7071]

[VC_1，DC_1]=eig（C_1）；%结果为最大特征值 lamdC_1=5.1727，对应向量 C_1=[0.5293，0.7995，0.1608，0.0937，0.2145]

[VC_2，DC_2]=eig（C_2）；%结果为最大特征值 lamdC_2=6.3074，对应向量 C_2=[0.1309，0.1364，0.7649，0.2422，0.0707，0.5617]

[VD，DD]=eig（D）；%结果为最大特征值 lamdD=2，对应向量 D=[0.7071，0.7071]

[VD_1，DD_1]=eig（D_1）；%结果为最大特征值 lamdD_1=6.3698，对应向量 D_1=[0.3689，0.5540，0.7166，0.0618，0.0876，0.1789]

[VD_2，DD_2]=eig（D_2）；%结果为最大特征值 lamdD_2=6.2148，对应向量 D_2=[0.7665，0.3220，0.4546，0.2950，0.1052，0.0625]

%判断一致性

lamdO=4.0606；O=[0.2692，0.6677，0.1894，0.6677]；

lamdA=2；A=[0.8944，0.4472]；

lamdA_1=6.0974；A_1=[0.6718，0.1069，0.2839，0.4241，0.1069，0.5151]；

lamdA_2=3.0324；A_2=[0.1163，0.1943，0.9740]；

lamdB=3；b=[0.6882，0.6882，0.2294]；

lamdB_1=13.9114；B_1=[0.1883，0.2585，0.0781，0.1833，0.4562，0.1427，0.0366，0.3828，0.6637，0.0290，0.0448，0.1811，0.0854]；

lamdB_2=9.6862；B_2=[0.4858，0.4696，0.5755，0.1459，0.1856，0.1014，0.0745，0.3334，0.0590]；

lamdB_3=2；B_3=[0.9806，0.1961]；

lamdC=2；C=[0.7071，0.7071]；

lamdC_1=5.1727；C_1=[0.5293，0.7995，0.1608，0.0937，0.2145]；

lamdC_2=6.3074；C_2=[0.1309，0.1364，0.7649，0.2422，0.0707，0.5617]；

lamdD=2；D=[0.7071，0.7071]；

$lamdD_1$=6.3698; D_1=[0.3689, 0.5540, 0.7166, 0.0618, 0.0876, 0.1789];

$lamdD_2$=6.2148; D_2=[0.7665, 0.3220, 0.4546, 0.2950, 0.1052, 0.0625];

RI_1=0; RI_2=0; RI_3=0.58; RI_4=0.90; RI_5=1.12; RI_6=1.24; RI_7=1.32; RI_8=1.41; RI_9=1.45; RI_{10}=1.49; RI_{11}=1.51; RI_{12}=1.54; RI_{13}=1.56;

CRO=((lamdO-4)/3)/RI_4; %结果为 0.0224，满足一致性检验

%A 矩阵 n 小于 3，不用进行一致性检验

CRA_1=(($lamdA_1$-6)/5)/RI_6; %结果为 0.0157，满足一致性检验

CRA_2=(($lamdA_2$-3)/2)/RI_3; %结果为 0.0279，满足一致性检验

CRB=((lamdB-3)/2)/RI_3; %结果为 0.0000，满足一致性检验

CRB_1=(($lamdB_1$-13)/12)/RI_{13}; %结果为 0.0487，满足一致性检验

CRB_2=(($lamdB_2$-9)/8)/RI_9; %结果为 0.0592，满足一致性检验

%B_3 矩阵 n 小于 3，不用进行一致性检验

%C 矩阵 n 小于 3，不用进行一致性检验

CRC_1=(($lamdC_1$-5)/4)/RI_5; %结果为 0.0385，满足一致性检验

CRC_2=(($lamdC_2$-6)/5)/RI_6; %结果为 0.0496，满足一致性检验

%D 矩阵 n 小于 3，不用进行一致性检验

CRD_1=(($lamdD_1$-6)/5)/RI_6; %结果为 0.0596，满足一致性检验

CRD_2=(($lamdD_2$-6)/5)/RI_6; %结果为 0.0346，满足一致性检验

%各指标综合权重

hA_{1116}=O(1)*A(1)*A_1;%指标 A_{11}-A_{16} 的权重，结果为(0.1618　0.0257　0.0684　0.1021　0.0257　0.1240)

hA_{2123}=O(1)*A(2)*A_2;%指标 A_{21}-A_{23} 的权重，结果为(0.0140　0.0234　0.1173)

hB_{1113}=O(2)*B(1)*B_1; %指标 B_{11}-B_{113} 的权重，结果为(0.0865　0.1188　0.0359　0.0842　0.2096　0.0656　0.0168　0.1759　0.3050　0.0133　0.0206　0.0832　0.0392)

hB_{2129}=O(2)*B(2)*B_2;%指标 B_{21}-B_{29} 的权重，结果为(0.2232　0.2158　0.2644　0.0670　0.0853　0.0466　0.0342　0.1532　0.0271)

hB_{3132}=O(2)*B(3)*B_3; %指标 B_{31}-B_{32} 的权重，结果为(0.1502　0.0300)

hC_{1115}=O(3)*C(1)*C_1;%指标 C_{11}-C_{15} 的权重，结果为(0.0709　0.1071　0.0215　0.0125　0.0287)

hC2126=O(3)*C(2)*C2;%指标 C_{21}-C_{26} 的权重,结果为(0.0175　0.0183　0.1024　0.0324　0.0095　0.0752)

hD1116=O(4)*D(1)*D1;%指标 D_{11}-D_{16} 的权重,结果为(0.1742　0.2616　0.3383　0.0292　0.0414　0.0845)

hD2126=O(4)*D(2)*D2;%指标 D_{21}-D_{26} 的权重,结果为(0.3619　0.1520　0.2146　0.1393　0.0497　0.0295)

附录四　DEA 模型求解计算程序

```
clear
X=[37820    13808    21602    13600    14379    3728    17992
10708    8713    9814    6681    5761    23530    17756    12697
19623    14767    37933
1.6700    1.0800    1.2900    1.0100    0.9200    0.9400    0.8900
0.8600    1.0300    0.9400    1.1200    0.7600    0.8800    0.9200
0.8100    0.7200    0.9200    0.9100
0.3260    0.1960    0.2480    0.1970    0.1820    0.1690    0.1610
0.1570    0.1960    0.1710    0.2020    0.1370    0.1580    0.1670
0.1460    0.1310    0.1660    0.1640
173.1240  137.8960  83.8600    123.8900    129.4600    124.1300
137.7200    113.4800    131.9800    123.5500    120.6200    123.8200
143.1200    148.0900    152.7000    156.1100    153.2200    92.7800
];
Y=[0.9850    0.9480    0.9700    0.9650    0.7900    0.9800
0.9700    0.9900    0.9600    0.9400    0.9700    0.9500
0.9760    0.9600    0.9820    0.9400    0.9500    0.9950
0.9900    0.9800    0.9600    0.9900    0.6650    0.9700
0.9800    1.0000    0.9700    0.9600    0.9500    0.9450
0.9900    0.7800    0.7400    0.9400    0.9200    0.9400
0.7955    0.5995    0.7785    0.6900    0.7325    0.6450    0.7350
0.8150    0.7175    0.5900    0.4390    0.2470    0.3685    0.2725
0.3565    0.3275    0.2555    0.8350
0.9320    0.9370    0.9480    0.8615    0.8095    0.8470    0.8370
0.8560    0.9085    0.8885    0.8850    0.8590    0.9355    0.6210
0.6100    0.8070    0.8675    0.8665
```

```
0.5550   0.5385  0.5150   0.4495  0.3925  0.5440   0.4865
0.5255  0.4265  0.4440   0.4040   0.3805  0.5015   0.3920
0.3740  0.4700   0.4915  0.5010
0.9850   0.9820  0.9950  0.9880  0.9930  0.9970  0.9920
0.9870   0.9950  0.9910  0.9820  0.9930  0.9870  0.9950
0.9910  0.9870  0.9850  0.9950
0.3200   0.1800  0.2320  0.1950  0.1680  0.1900  0.1450
0.1730   0.1500  0.2300  0.3720  0.1200  0.1400  0.1500
0.1600  0.2500  0.2100  0.1420
0.1860    0.1250    0.1590    0.1300     0.0900     0.1280
0.0700    0.1120    0.1380    0.1600     0.2300     0.0600
0.0800   0.0320   0.0740  0.1060  0.1170  0.1320
0.5641   0.6154  0.5385  0.5897  0.4615  0.5385  0.2821
0.5641   0.7436  0.5385  0.6410  0.5897  0.3077  0.4103
0.5128  0.5897  0.3077  0.7692
0.9856   0.9952  0.9423  0.9663  0.9952  0.9231  0.9663
0.9087   0.8846  0.9904  0.9856  0.9038  0.9231  0.9375
0.8990  0.8846  0.9135  0.9952
1.0000   1.0000  1.0000  1.0000  1.0000  1.0000  1.0000
1.0000   0.5000  1.0000   1.0000  0.7500   1.0000  1.0000
0.7500   1.0000   1.0000  1.0000
0.9744   0.9487  0.9744  0.9744  0.9744  0.9744  0.9744
0.9487   0.9231  0.9744  0.9487  0.8974  0.9231  0.9487
0.8974  0.8718  0.9231  0.9487
0.9450   0.8920  0.9610  0.9240  0.9720  0.9310  0.9560
0.9420  0.9250  0.9700   0.9450  0.9280  0.9620  0.7800
0.8300   0.9800   0.9400   0.9700
0.9450   0.8920  0.9610  0.9240  0.9720  0.9310  0.9560
0.9420  0.9250  0.9700   0.9450  0.9280  0.9620  0.7800
0.8300   0.9800   0.9400   0.9700
];
n=size (X', 1); m=size (X, 1); s=size (Y, 1);
epsilon=10^-10;
f=[zeros (1, n) -epsilon*ones (1, m+s) 1];
A=zeros (1, n+m+s+1); b=0;
```

```
LB=zeros (n+m+s+1, 1); UB=[];
LB (n+m+s+1) =-Inf;
for i=1: n
      Aeq=[X eye (m) zeros (m, s) -X (:, i)
          Y zeros (s, m) -eye (s) zeros (s, 1) ];
      beq=[zeros (m, 1)
          Y (:, i) ];
      w (:, i) =LINPROG (f, A, b, Aeq, beq, LB, UB);
end
w
lambda=w (1: n,:)
s_minus=w (n+1: m+n,:)
s_plus=w (n+m+1: n+m+s,:)
theta=w (n+m+s+1,:)
```